我国煤矿水灾害快速救援预警管理体系研究

王金凤　翟雪琪　程　雁　著

科学出版社

北京

内 容 简 介

本书针对煤矿突发水灾害的隐蔽、不可预测等特征,基于致因因素的复杂、动态性,开展了煤矿水灾害快速救援预警管理体系研究。本书共 11 章,主要内容包括:煤矿水灾害危险源辨识;煤矿水灾害致因机理分析;煤矿水灾害快速救援评价模型构建;煤矿水灾害快速救援技术及其装备研究;煤矿水灾害预警管理体系及其可靠性评价模型建立;煤矿水灾害预警管理体系信息共享平台设计。本书研究思路新颖、理论与方法系统,具有较高的学术研究价值和实践应用价值。

本书可作为高等院校煤矿安全工程相关专业研究生和本科生教材,也可作为煤矿水灾害领域的管理者、科研人员、工程技术人员及高校教师的参考书。

图书在版编目(CIP)数据

我国煤矿水灾害快速救援预警管理体系研究/王金凤,翟雪琪,程雁著.
—北京:科学出版社,2016.11
ISBN 978-7-03-050369-5

Ⅰ.①我… Ⅱ.①王… ②翟… ③程… Ⅲ.①煤矿-矿山水灾-应急对策-救援-预警系统-研究-中国 Ⅳ.①TD745

中国版本图书馆 CIP 数据核字(2016)第 258114 号

责任编辑:周 炜 / 责任校对:邹慧卿
责任印制:张 伟 / 封面设计:陈 敬

科 学 出 版 社 出版
北京东黄城根北街 16 号
邮政编码:100717
http://www.sciencep.com

北京教园印刷有限公司印刷
科学出版社发行 各地新华书店经销
*
2017 年 1 月第 一 版 开本:B5(720×1000)
2017 年 1 月第一次印刷 印张:11 1/4
字数:227 000
定价:**80.00** 元
(如有印装质量问题,我社负责调换)

前　言

我国是世界煤炭生产大国,同时也是发生煤矿事故最多的国家,尤其是近年来重特大水灾害时有发生,安全形势不容乐观。进一步研究发现,造成我国煤矿水灾害损失重大的主要原因之一是长期以来存在的等待水灾害发生而做出响应的救援模式。

煤矿水灾害发生具有不确定性和不可预测性,加之复杂的煤矿水文地质条件及开采环境导致水灾害发生时救治困难,我国煤炭生产企业多以救援为主,不能及时识别并防范可能发生的水灾害。因此,如何加强煤矿水灾害预警管理,及时控制甚至消除水灾害危机,成为煤炭行业迫切需要解决的现实问题。

由于煤矿水灾害造成的人员伤亡及财产损失大多难以估量,越来越多的学者开始关注此类问题的研究,也取得了诸多成果,但至今缺少一部综合研究煤矿水灾害快速救援及预警管理的专著。本书在总结前人相关科研成果的基础上,阐述了煤矿水灾害的致因机理,研究了煤矿水灾害快速救援技术及其装备,构建了预警管理体系并对其可靠性进行评价,同时搭建了信息共享平台,为煤矿水灾害的快速救援及预警管理研究提供理论基础与技术支撑。

全书共 11 章。第 1 章~第 3 章为全书的框架及煤矿水灾害基本理论;第 4 章为煤矿水灾害致因机理研究;第 5 章、第 6 章为煤矿水灾害快速救援技术与装备研究;第 7 章~第 9 章为煤矿水灾害预警管理体系研究;第 10 章为实践应用研究;第 11 章是对全书的总结。

本书的研究工作得到了国家自然科学基金(71271194,71472171)的支持,在此向帮助和关心作者研究工作的所有单位和个人表示衷心的感谢。

限于作者水平,书中难免存在疏漏和不妥之处,敬请读者批评指正。

目　　录

第1章 绪　　论

1.1　研究背景及意义

1.1.1　研究背景

煤炭是我国目前最重要的能源。2015年国民经济和社会发展统计公报显示，全年能源消费总量为43.0亿吨标准煤，其中煤炭消费量占能源消费总量的64.0%。煤炭资源的广泛利用为推动我国国民经济建设进程、提高人民生活水平做出了并且仍将继续做出巨大贡献。

与世界其他国家相比，特殊的地理和地质环境决定了我国煤矿的地质条件十分复杂，特别是近年来，随着我国煤矿开采深度的增加、开采速度的加快、开采强度的增大、开采规模的扩大，煤矿重特大水事故频发。

归纳起来，目前我国的煤矿安全生产主要存在以下两个特征：

(1)煤矿安全生产状况与国外发达国家相比差距巨大。2005~2014年我国与美国煤矿死亡人数和百万吨死亡率分别如图1.1和图1.2所示。从煤矿死亡人数来看，虽然我国煤矿死亡人数逐年下降，但仍是美国煤矿死亡人数的100倍。在煤矿百万吨死亡率方面，近年来美国已控制在0.03左右，而我国百万吨死亡率仍居高不下，到2011年我国煤矿百万吨死亡率仍高达0.562，而美国在2009~2011年煤矿百万吨死亡率则仅为0.01、0.04和0.02。

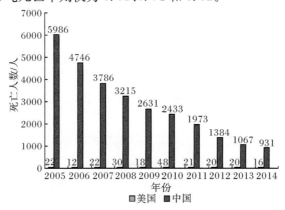

图1.1　2005~2014年我国与美国煤矿死亡人数

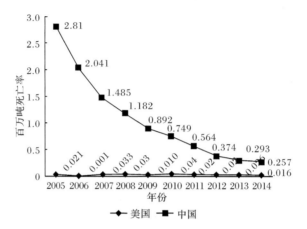

图 1.2　2005～2014 年我国与美国煤矿百万吨死亡率

（2）煤矿死亡人数及煤矿事故起数不稳定。从煤矿安全生产趋势看，虽然煤矿死亡人数、重特大事故起数、煤矿百万吨死亡率整体呈下降趋势，但不是平稳地下降而是波动式地下降，如图 1.3 所示。

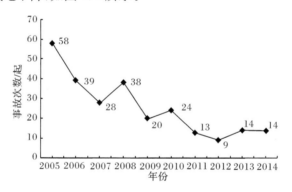

图 1.3　2005～2014 年我国煤矿重特大事故次数

例如，煤矿重特大事故，2006～2007 年由 39 起下降至 28 起，而到 2008 年事故发生数又上升至 38 起，同样，2012 年有所下降，但 2013 年重特大事故又上升 5 起。另外，百万吨死亡率下降的幅度也越来越小，2011～2014 年每年下降幅度分别为 0.19、0.081、0.036。

进一步研究发现，我国煤矿水灾害事故频发的根本原因是长期以来存在的基于等待水灾害发生而做出响应的救援模式。

我国复杂的煤矿水文地质条件与生产环境导致水灾害发生时救援困难，加上煤矿水灾害的发生具有不确定性和不可预测性，煤炭生产企业大多以救援为重心，按照已有的应急预案调配各类救灾资源协调和指挥各救灾实体进行水灾害救援。这种管理模式往往忽略预警管理的作用，导致不能根据危机预警信号，及时识别并防范可能的水灾害，防患于未然。因此，如何加强煤矿水灾害预警管理，及时控制甚至消除水灾害危机，成为煤炭行业迫切需要解决的现实问题。

有鉴于水灾害的致因因素复杂，随机性、隐蔽性强，上述现实问题可转化为针对煤矿水灾害发生的不可预测性，通过对煤矿水灾害致因机理分析，提升水灾害快速救援技术与装备水平、建立水灾害预警管理体系，从而在有效的时间内控制水灾害，以实现煤矿水灾害的快速救援。

1.1.2 研究意义

在理论上，实现以预防为中心的煤矿水灾害快速救援模式一直是国内外学者关注的热点与前沿问题。现有研究在水灾害致因机理、应急快速救援及预警管理的环境方面取得了较多成果，主要集中于煤矿水灾害致因理论、危险源识别、致因机理模型，或集中于应急管理、应急救援能力评价、应急预案及救援技术，或集中于煤矿水灾害的监测、预测及预警系统设计，但对于煤矿水灾害，如何通过对煤矿水灾害致因机理分析，加强煤矿水灾害预警管理，在有效的时间内控制水灾害，从而实现煤矿水灾害快速救援的研究成果还不多。本书针对这一现状，开展煤矿水灾害快速救援预警管理体系研究，研究成果有利于丰富煤矿水灾害预警管理理论，可以为有效提升我国煤矿水灾害预警管理水平提供理论支撑。

在应用上，分析煤矿水灾害致因机理，采用危机全生命周期理论分析评价煤矿水灾害，然后构建煤矿水灾害快速救援的预警管理体系，利用可靠性评价方法分析预警管理系统，在此基础上建立信息共享平台。在宏观层面，有利于缓解我国日趋严峻的煤炭安全生产形势，对提升我国各级政府形象、对煤炭行业乃至整个社会的和谐发展具有实践应用价值；在微观层面，本书对提升煤炭生产企业灾害预警水平，实现快速救援具有重要的现实意义。

1.2 国内外研究现状

由于煤矿水灾害造成的人员伤亡及财产损失难以估量，越来越多的学者开始关注此类问题的研究。近年来，随着科学技术的迅猛发展和管理水平的不断提高，在灾害快速救援方面可用的设施设备及技术也越来越多，煤矿水灾害研究取得了较多的成果。目前，国内外学者对煤矿水灾害的研究主要集中在水灾害的致因机理、预警管理及应急快速救援三方面。

1.2.1 煤矿水灾害致因机理研究现状

分析煤矿水灾害的形成机理是有效预防和治理煤矿水灾害的基础，对救援工作可以起到事半功倍的效果。

1. 煤矿水灾害致因理论问题的研究

国外学者对事故致因的研究开始得较早,已经形成了较为完善的理论体系,主要包括事故频发倾向理论[1]、事故因果连锁理论、能量意外释放理论、瑟利的事故模型、动态变化理论、Reason 的复杂系统事故因果模型、系统理论事故模型[2]等,这些理论被广泛应用到各行各业的事故致因机理分析,为研究煤矿水灾害致因机理提供了理论基础。

张志强等[3]运用系统动力学原理研究煤矿水灾害在多因素共同作用下的演化机理,构建了煤矿水灾害致因机理模型,为煤矿水灾害致因机理分析提供了一种新的分析思路;丁名雄[4]借鉴事故致因机理分析,认为煤矿安全规制不足、企业和政府不协调及煤矿安全资源配置不当等是我国煤矿事故发生的主要原因,同时从这三方面对煤矿事故产生的原因进行了分析;张跃兵等[5]以现代安全科学理论及事故致因机理为基础,运用事故案例分析研究方法,从危险源概念辨析入手,探讨了危险源的分类、层次结构及基于危险源理论的事故预防控制模型;祁丽霞等[6]运用煤矿事故致因机理分析方法对煤矿事故发生的原因进行了剖析,结合我国煤矿事故发生的规律和煤矿生产安全管理的现实,构建了一种符合煤矿安全管理实践的煤矿事故致因模型,同时采用逻辑运算对建立的模型进行了仿真。

2. 煤矿水灾害危险源识别方面的研究

一些学者主要采用辨别危险源方法进行了事故致因机理分析。李树砖等[7]借鉴三类危险源理论,运用统计分析和事故树分析方法,在构建的瓦斯爆炸事故致因模型的基础上,通过模糊综合评价方法进行了实证研究;孔留安等[8]从煤矿灾害事故统计入手,介绍了国内外风险评价的研究现状及煤矿危险源风险评价的研究目的,建立了煤矿三类危险源的影响因素模型;孟现飞等[9]从危险源的事故致因机理及其两极化管理角度,构建了危险源的事故致因机理模型,并提出危险源的两极化管理思路。

3. 煤矿水灾害致因机理模型构建问题的研究

近年来,也有一些学者运用数理统计、模型和计算机等方法对煤矿水灾害的致因机理进行了分析,取得了较多研究成果。陈红等[10]针对我国煤矿事故中煤矿工人故意违章行为问题,以煤矿工人个体层面和煤矿组织层面的各类因素为外源变量,以行为效价和行为成本感知为中介变量,以煤矿工人高成本-高效价和高成本-低效价两类特征性故意违章行为为内生变量,构建了故意违章行为影响因素的结构方程模型;赵殷瑶等[11]从安全事故发生原因及井下作业人员需求两方面探究了煤矿职工生活环境及生活状况,以数据、图表形式表现了调查结果并给出了相关对策;涂劲松等[12]采用 FLAC 模拟软件建立了巷采充填的数值计算模型,分析了充填开采时煤柱与充填体的应力、位移变化规律及基岩面的运移规律。

宋泽阳等[13]构建了适合分析煤矿安全管理体系缺失和不安全行为的HFACS 框架,应用 SPSS13.0 对 515 起煤矿伤亡事故发生的原因进行了整理分类,运用 χ^2 检验和让步比(OR)分析了安全管理体系缺失情况、不安全行为发生的原因及两者之间的内在联系;梅国栋等[14]应用散点图、相关系数等数学方法分析了我国煤矿安全生产与社会经济指标之间的关系,确定了影响我国煤矿安全生产的主要社会经济因素;刘广平等[15]通过分析安全投入、管理投入与安全水平之间的关系,基于经济利益最大化原则构建了煤矿经济效益函数,确定了影响煤矿安全水平边际效应的因素。

从上述文献可以看出,关于煤矿水灾害致因机理的相关研究大多集中在对某一种煤矿水灾害的致因机理分析上,国内外学者多采用危险源理论、事故致因理论等,运用数理统计、模糊综合判断法、AHP 等各种定量方法构建煤矿水灾害的致因机理分析模型,这些研究均为本书开展煤矿水灾害致因机理分析研究提供了有益的参考。

影响煤矿水灾害的因素众多,既与煤矿矿井的地层、地质构造、煤层赋存情况、煤层特征、瓦斯含量、地下水文、围岩特征等自然因素密切相关,也与煤矿矿井设施布置方案及煤矿矿井运输、通风、排水等设备管理,作业人员的行为等人为因素密切相关,且这些灾害的致因因素复杂,随机性、隐蔽性强,如何结合煤矿水灾害的突发性和不可预测性,确定关键影响因素对煤矿安全水平的重要程度,分析煤矿水灾害致因机理尚待进一步研究。

1.2.2　煤矿水灾害应急快速救援研究现状

目前我国针对煤矿水灾害应急快速救援的研究主要包括应急管理、应急救援能力评价、应急预案及救援技术等。

1. 煤矿水灾害应急管理问题的研究

Shen 等[16]对水灾害下的应急救援进行了分类;Fiedrich 等[17]针对地震灾害下的应急救援资源配送问题进行了研究,提出了多受灾点的应急救援配送优化模型,该模型以人员伤亡最小为目标函数,考虑了时间、资源量及质量的约束;冯立杰等[18]针对煤矿水灾害问题,建立了以水灾害预防与治理为主的煤矿水灾害事故响应系统,通过 Agent 组织煤矿及救援单位的有效资源,以多代理系统为基础设计了煤矿水灾害响应的协商机制;Zhang 等[19]利用动态博弈理论,从煤炭生产企业、监管部门和政府三者间的关系研究了煤矿水灾害管理问题;席煜宸[20]构建了煤矿应急管理体系建设模式,论述了模式中各要素之间的相互关系及各要素的主要建设内容;Kang 等[21]利用知识生成理论,分析了煤矿水灾害危机响应系统内部各个阶段的知识流动和生成模型,依据煤矿水灾害救援优化原则,运用虚拟信息中心及信息共享工具对煤矿水灾害危机响应系统进行了优化。

2. 煤矿水灾害救援能力评价方面的研究

美国作为世界上研究水灾害应急能力评价最早也是理论体系最完善的国家,目前对水灾害应急能力评价的研究遍布全美 55 个区域[22]。鉴于其评价指标较为全面、合理,且客观性强、便于应用,被越来越多的国家和地区争相效仿[23]。美国联邦紧急事务管理局与国家紧急管理协会于 1997 年就联合研究了一套州与地方政府应急管理准备能力评估系统,美国联邦紧急事务管理局在此基础上于 2000 年又对上述评估系统进行了修订改正,构建了各州及地方政府能力的 3 级评估体系:①各州能力的 3 级评估体系,该体系架构主要包含 13 个要素、104 个属性、453 个特征;②地方政府能力的 3 级评估体系,该体系架构主要包含 13 个要素、98 个属性、520 个特征。由于各州或政府级别不同,以上两种评估体系的要素、属性和特征在细致程度和表述方法上也有所区别[24]。

日本在水灾害应急救援能力方面也有较多的研究成果。在 2002 年 10～12 月,经由日本防灾与情报研究所的多次讨论,并与消防厅举办了两次"地方公共团体之地域防灾能力及危机管理对应力评估研究会",日本最终设定了地方公共团体防灾能力的评价项目[25]。

我国对煤矿水灾害应急救援能力评价的研究成果也较为丰富。王金凤等[26]建立了煤矿水灾害应急系统模型,采用可拓法对煤矿水灾害应急系统可靠性进行了评价;赵明忠等[27]将熵权理论引入煤矿水灾害救援系统中,建立了救援系统可靠性熵权综合评价模型;张宇[28]通过分析煤矿水灾害应急救援能力评价指标体系构建时所用的技术方法的研究进展情况、该领域的研究成果、存在的问题及研究发展方向,遵循系统动力学原理,构建了煤矿事故应急救援能力评价体系;钱洪伟[29]在对国内外环境应急能力研究分析基础上,采用常规层次分析法及模糊评判法对煤矿环境水事件应急能力进行了评价,同时结合河南省某煤矿水环境事件进行了实证模拟验证;Wang 等[30]运用系统动力学方法,从人员应急素质、救援装备、救援物资、救援队伍及日常应急管理等方面构建了煤矿水灾害应急能力评价模型。

3. 煤矿水灾害应急预案及救援技术方面的研究

在应急预案研究中,韩利[31]对煤矿水事件应急预案中的通信系统保障机制进行了研究;武强等[32]从水灾害发生前的事故预防和水灾害发生后的事故抢险救援两方面论述了煤矿水灾害应急救援预案;孙保敬[33]在研究符合矿井排水抢险救灾实际需要的决策支持系统的基础上,对水泵的工作特性进行了研究,建立了多泵工作时水泵位置与工作效率的关系,同时研制了排水抢险救灾快速安装系统并对排水抢险救灾系统工况监测系统进行了研究。在救援技术研究领域中,冯立杰等[34~36]从煤矿水灾害快速救援技术装备研发角度,提出了运用多屏幕法、矛盾矩阵表、创新发明原理等 TRIZ 工具创新设计千米矿井抗灾排水装备、矿用潜水电泵、止推导轴承等装备,以提高煤矿水灾害快速救援能力。

从上述研究可以看出,关于煤矿水灾害快速救援的相关研究多集中在煤矿水灾害应急救援技术、应急预案编制、救援物资调度、救援系统构建及评价分析等方面,多采用灰色-模糊综合评价、熵权理论等方法建立煤矿事故评价指标体系及模型,这些均为本书开展煤矿水灾害快速救援评价提供了有益的参考。

综上所述,影响煤矿水灾害快速救援效果的因素众多,这些影响因素对煤矿水灾害快速救援的影响程度不一且呈动态变化,如何确定影响煤矿水灾害快速救援的关键指标,展开煤矿水灾害快速救援评价尚待进一步研究。

1.2.3 煤矿水灾害预警管理研究现状

煤矿水灾害预警管理是一个繁琐而复杂的过程,此方面内容的研究主要集中在煤矿水灾害的监测、预测及预警系统设计等方面。

1. 煤矿水灾害监测问题的研究

Li 等[37]通过分析微震监测的数据、水文、气象等数据,认为冰雪融化与煤矿水灾密切相关,可以参考冰雪融化速率对煤矿水灾害进行监测;Sun 等[38]通过微震技术对突水的危险区域煤层地板进行了识别,为煤矿生产提供了安全保障;刘谆等[39]提出了一种基于 FPGA 的煤矿突水监测系统数据采集系统的硬件和软件设计方法,具有信号采集和数据处理速度快、精度高,硬件电路设计简单、调试方便,抗干扰能力强的特点;张小鸣[40]结合对煤层底板破坏及突水影响因素的分析、讨论,提出了一种基于采动中煤层底板的突水动态监测系统,认为该系统具有结构简单、拓展灵活、实时性强等特点,具有广阔的应用前景;范烨等[41]利用 LabView 图形化编程语言 G 编写程序,实现了对煤矿突水情况的实时状态监测。

2. 煤矿水灾害预测问题的研究

Liu 等[42]根据数据挖掘分类技术、神经网络和决策树算法建立了煤矿水灾害预测系统,并对该系统进行了测试,结果表明该系统是可行的;Rena 等[43]通过分析钻孔偏斜和水线界定的范围,为煤矿突水预测和控制提出了科学的解决方案;陈红钏等[44]对地下磁流体探测技术进行了研究,认为该方法可以有效探测地下水分布,可用于煤矿水灾害预测;蒋仲安等[45]根据煤矿水灾害历史数据确定出 32 个水灾安全危机征兆指标,并使用 BP 神经网络作为预测模型,将概率模型作为数据建立模型,以实现煤矿水灾害预测;许延春[46]利用灰色理论宏观预测了矿井水灾害可能发生的时间和严重程度;杨海军等[47]对判别突水水源和预测涌水量的各种方法进行了探讨,概述了各种方法的原理、应用现状及其适用条件;李培等[48]运用 PCA 与 ELM 结合的煤矿突水预测方法建立了煤矿突水预测模型,该方法具有变量少、建模和运算时间短、模型的运行速度和预测精度较高等优点;孟祥瑞等[49]把物联网(IoT)感知技术应用于底板突水的预测监控,构建了一种开放的分布式 IoT-GIS 耦合感知信息处理平台,该平台对底板突水的预测监控具有较高的感知准确度。

3. 煤矿水灾害预警系统构建问题的研究

预警理论最早是在 1888 年的巴黎统计学大会上提出的。20 世纪 30 年代中期,经济监测预警系统再度兴起并得到不断应用,美国、英国、日本、加拿大等国家相继出现了经济预警系统。

美国的海因里希在《工业事故预防》一书中,提出了根据工业安全管理实践总结出来的工业安全理论思想[50]。该理论思想详细阐述了工业事故水的致因机理及水事故频率与伤害严重程度之间的关系,以及人的不安全行为和物的不安全状态的产生原因[51]。

Jin 等[52]认为通过对煤层压力、温度和水压力等进行精准测量,可以实现对煤矿水灾害事故预警;张雁等[53]通过对煤矿水灾害预警系统研究,指出监测参数的选择、监测设备的稳定性与精确度、监测地点的选择与钻孔布置、预警阈值及报警是预防煤矿水灾害的关键技术,为煤矿突水监测预警系统优化和完善提供了思路;张雪英等[54]运用组件式 GIS 开发模式,以 ArcGIS Engine 与 Visual Studio 2010 为开发环境,结合计算机 Visual C♯.net 编程技术,采用集成二次开发方式,设计和开发了矿井突水预警信息系统,实现了海量突水数据的分析功能,为突水预警提供了依据;谢兴楠等[55]通过分析矿井发生系列重大突水事故,建立了关键层静态探测与动态监测的突水预警模型和构造体静态探测与动态监测的突水预警模型,并"将岩体性质'静态'存在特征和岩体'动态'破裂过程作为一个整体"对突水通道进行预测,对矿井突水定量预测进行了学术探讨;刘治国[56]提出了一种基于 J2EE 规范的煤层顶板突水预警 WebGIS 系统的设计思想和实现方案,该方案可以实现互联网上的煤层顶板突水监测预警作业,对煤层顶板突水预警系统的研究具有理论意义和工程实用价值。

从上述研究可以看出,煤矿水灾害预警管理的相关研究多集中在煤矿水灾害的监测、预测及预警系统设计等方面,国内外学者采用微震技术、图形化编程方法对煤矿水灾害进行监测,采用 GIS、神经网络等方法对煤矿水灾害进行预测,通过运用三类危险源、环境预测一体化等思想设计了煤矿水灾害预警体系,并对系统的功能和构成做了相关研究,为开展煤矿水灾害快速救援预警管理体系构建提供了有益参考。

与上述研究不同的是,预警管理体系不仅包括设备、技术等硬件设施,还包括管理等软环境建设,如何综合考虑预警管理体系中的众多因素,建立符合煤矿水灾害特点的预警管理体系,并对预警管理体系的可靠性进行定量分析,尚待进一步研究。

1.3　研究内容及技术路线

1.3.1　研究内容

根据国内外研究现状,本书对煤矿水灾害快速救援预警管理体系进行了研究。针对煤矿水灾害的隐蔽性、不可预测性等特征,以及致因因素的复杂性、动态性,主要研究内容如下:煤矿水灾害致因机理分析、煤矿水灾害快速救援流程评价、煤矿水灾害快速救援技术与装备研发、煤矿水灾害快速救援的预警管理体系构建及可靠性分析、煤矿水灾害预警管理体系的信息共享平台构建等。

各部分内容之间的内在逻辑关系如图 1.4 所示。

(1)煤矿水灾害危险源辨识。以危险源辨识理论和方法为基础,阐述危险源及危险源辨识的内涵,对煤矿水灾害危险源辨识方法、影响因素、范围及原则进行分析,通过对煤矿水灾害危险调查和煤矿水灾害危险源调查,对煤矿水灾害危险源进行辨识。

(2)煤矿水灾害致因机理分析。首先综合运用经验分析法和因果分析法对煤矿水灾害危险源进行识别,提出影响煤矿水灾害的 6 大系统——人、管理、自然、设备设施、科技、法制监管;其次构建煤矿水灾害致因机理体系,分析内在机理,然后运用系统动力学建模原理对煤矿水灾害致因系统进行分析,为后续煤矿水灾害全生命周期评价奠定理论基础。

(3)煤矿水灾害快速救援评价。利用危机全生命周期理论将煤矿水灾害划分为酝酿期、爆发期、扩散期、处理期及总结学习期,在煤矿水灾害快速救援流程分析基础上,建立快速救援评价指标体系,采用 DEA 方法构建评价模型,为后续对煤矿水灾害预警管理体系及信息共享平台的研究奠定理论基础。

(4)煤矿水灾害快速救援技术与装备研发。针对我国煤矿水灾害快速救援技术存在的问题,结合当前矿井特征,主要阐述煤矿水灾害快速救援潜水电泵的研发,包括 3200kW 高压潜水电机和 ZQ1000-90 系列潜水电泵,同时从立式运行、卧

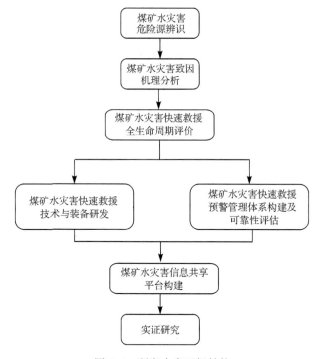

图 1.4   研究内容逻辑结构

式运行、矿井水阻尼、动静部件见习及潜水电泵防震等五方面进行了矿井潜水电泵运行稳定性分析,同时将技术成果加以推广应用。

（5）煤矿水灾害快速救援预警管理体系构建及可靠性分析。确定煤矿水灾害预警管理体系构建的原则和目标,从信息收集子系统、信息分析和评估子系统、危机预测子系统、危机预报子系统和危机预处理子系统等部分构建煤矿水灾害快速救援预警管理体系,并对五大子系统展开功能分析,构建煤矿水灾害预警管理体系运营流程模型;采用可拓学理论对煤矿水灾害预警管理系统的可靠性进行评价分析,提出对预警管理体系可靠性进行控制与提升的建议。

（6）煤矿水灾害预警管理体系信息共享平台设计。分析煤矿水灾害预警信息系统功能,在信息共享平台设计原则指导下,提出煤矿水灾害预警管理体系信息共享平台的物理结构及逻辑结构,在此基础上设计煤矿水灾害预警管理系统信息共享平台架构。

（7）实证研究。选取某典型煤矿进行实证分析,以此验证上述模型及理论的有效性,为实践提供应用支持。

1.3.2 技术路线

依据上述研究内容,本书的技术路线如图 1.5 所示。

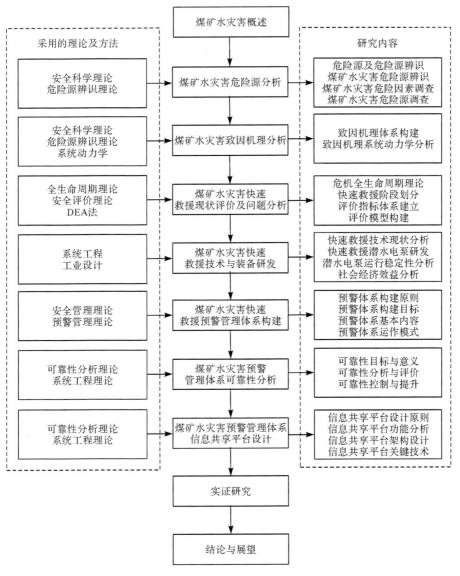

图 1.5 研究技术路线

1.4　主要创新点

本书主要研究了煤矿水灾害快速救援预警管理体系,创新之处主要有以下三点。

1. 研究思路的创新

与现有关于煤矿水灾害预警管理体系的研究成果相比,本书在研究思路上考虑到基于等待灾害发生而做出响应的救援模式的缺陷,将预警作为重心,以快速救援为目的,构建煤矿水灾害快速救援的预警管理体系,以避免煤炭生产企业以救援为重心,依据应急预案调配各类救灾资源、协调和指挥各救灾实体进行灾害救援的管理模式,以求在最短时间内控制煤矿水灾害,实现煤矿水灾害快速救援。

2. 研究内容的创新

现有研究对煤矿水灾害快速救援预警管理体系或集中在运用数理统计、模糊综合判断法、AHP 等分析煤矿水灾害或煤矿瓦斯灾害的致因机理上,或集中在煤矿水灾害应急救援技术、应急预案编制、救援物资调度、救援系统构建及评价分析上,或集中在煤矿水灾害的监测、预测及预警系统设计上,较少综合考虑煤矿水灾害预警管理体系。本书从内容上分析煤矿水灾害致因机理,采用危机全生命周期理论评价煤矿水灾害,然后构建煤矿水灾害快速救援的预警管理体系,利用可靠性评价方法分析预警管理系统,并在此基础上设计了信息共享平台。

3. 研究方法的创新

煤矿生产系统实质上也是一个灾害发生系统。煤矿井下生产时常面临各种灾害,其影响因素众多,且这些影响因素对煤矿安全的重要程度不一。此外,其致因因素复杂,随机性、隐蔽性强,而系统动力学方法具有较强的仿真模拟能力,因此,本书采用了系统动力学方法仿真分析各关键因素对煤矿水灾害的重要程度,构建了煤矿水灾害致因机理模型。同时,本书从煤矿水灾害的危机信号预警直至灾害结束整个过程中存在的人、机器设备、救援物资等资源的投入入手,探讨这些资源配置的合理性,采用危机全生命周期理论分析煤矿水灾害快速救援流程,利用 DEA 方法评价煤矿水灾害资源冗余问题,有利于发现快速救援存在的问题及不足,并提出相应解决方案,针对现有的等待灾害发生再救援管理模式中存在的缺陷开展以预警为重心、以快速救援为目的的煤矿水灾害预警管理体系研究。

第2章 煤矿水灾害概述

鉴于我国复杂的煤田地质条件,煤矿井下生产时常面临着瓦斯、水、火、冒顶等威胁,灾害时有发生。这不仅严重威胁着煤矿员工的生命安全,影响煤矿的正常生产,还会对国家和煤炭生产企业造成巨大的社会和经济损失。因此,开展煤矿水灾害快速救援预警管理体系研究首先需要深入了解煤矿水灾害基本理论。

2.1 煤矿水灾害成因及分类

2.1.1 煤矿水灾害成因

煤矿水灾害是煤矿建设和生产中的主要灾害之一。由于我国煤田水文地质条件极为复杂,突水事故时有发生,不仅严重破坏了煤矿的正常建设和生产,给国家和企业造成了巨大的经济损失,同时还时刻威胁着矿工的生命安全。

煤矿的矿井水来源于地表水和地下水。地表水主要是矿区附近地面的江河、湖泊、池沼、水库、废弃的露天煤矿和塌陷坑积水,以及雨水和冰雪融化后汇集的水;地下水主要是含水层中的水、断层裂缝水和老窑积水[57,58]。这些水源可能从各种通道和岩层裂缝渗透进入矿井。当进入矿井的水超过正常排水能力时,就会酿成水灾。

煤矿水灾害的发生主要有以下几方面的原因:

(1)矿井在开采设计过程中,防治水灾害的措施不合理,如没有设计放水煤柱等。

(2)对煤矿的水文地质条件推测不够,特别是探放水不够,在开采过程中盲目掘进,从而造成突水事故。

(3)在开采过程中,矿工违章操作、违犯作业规程,造成水灾害的发生。

(4)煤矿没有制定相应的安全操作规程或操作规程不健全,从而导致水灾害的发生。

2.1.2 煤矿水灾害分类

煤矿水灾害可以分为以下几类[59]。

1. 地表水体及大气降水水灾害

地表水体及大气降水水灾害是指大气降水或地表水体通过区内含水层露头、塌陷区、古井溃入矿井造成的水灾害事故,尤其是暴雨、洪水溃入矿井以及泥石流、滑坡造成的淹埋矿井及工业场所的灾害。此类水灾害水量大,影响面广,破坏严重,其特点是煤层埋藏较浅,矿区浅部含水层发育,易接受地表水的补给,地表植被破坏严重,地面防洪排水工程不完善。

2. 老窑水及采空区积水水灾害

老窑水一般处在埋藏较浅、开采年代较久的煤层。此类煤层开采的情况难以估计,积水量、积水范围不清,因积水中含有有害物质,一旦透水,易造成工作面停产和人身伤亡事故。据统计,60%以上的淹井死人事故是由老窑水突水引起的,对此应重在预防,一旦成灾要快速抢救。

3. 松散层水水灾害

松散层水水灾害是指冲积层中所含富水性含水层(如流沙、砂石层水)在煤矿开采过程中溃入矿井而造成的灾害。这类水灾害事故发生的主要原因:一是受强含水冲积层威胁的煤层在开采过程中,防水煤岩柱留设不当,冒落带直接进入松散强含水层造成溃水事故,或者导水裂隙带进入冲积层强含水层造成溃水事故。

4. 含水层突水水灾害

含水层突水水灾害是指因煤层开采影响到顶底板及厚层灰岩含水层造成的水灾害。主要原因是在开采过程中,开采工作面与含水层之间的煤层和岩层无法承受含水层的压强,造成工作面突然破裂,含水层的水突然涌出,形成水灾害。此类水灾害事发突然,破坏严重,而且容易造成人员伤亡。

从以上分析不难看出,造成煤矿水灾害的水源有大气降水、地表水、地下水和老窑水,其中地下水按其储水空隙特征又分为孔隙水、裂隙水和岩溶水等。煤矿水灾害具体类型见表2.1。

表 2.1 煤矿水灾害类型

类别	水源	水源进入煤矿的途径或方式	发生过突水、淹井的典型矿区
地表水水灾害	大气降水、地表水体(江、河、湖泊、水库、沟渠、坑塘、池沼、泉水和泥石流)	井口、采空冒裂带、岩溶地面塌陷坑或洞、断层带及煤层顶底板或封孔不良的旧钻孔充水或导水	水城汪家寨矿、内蒙古平庄古山矿、辽源梅河一井等

续表

类别		水源	水源进入煤矿的途径或方式	发生过突水、淹井的典型矿区
老窑水水灾害		古井、小窑、废巷及采空区积水	采掘工作面接近或沟通时，老窑水进入巷道或工作面	山西陵川县关岭山煤矿、徐州旗山矿、峰峰四矿等矿区
孔隙水水灾害		第三系、第四系松散含水层孔隙水、流沙水或泥沙等，有时为地表水补给	采空冒裂带、地面塌陷坑、断层带及煤层顶、底板含水层裂隙及封孔不良的旧钻孔导水	吉林舒兰煤矿、淮南孔集矿、徐州新河煤矿
裂隙水水灾害		砂岩、砾岩等裂隙含水层的水，常常受到地表水或其他含水层水的补给	采后冒裂带、断层带、采掘巷道揭露顶板或底板砂岩水，或封孔不良的老钻孔导水	徐州大黄山煤矿、韩桥煤矿，开滦范各庄矿等矿区
溶岩水水灾害	薄层灰岩水	主要为华北石炭二叠纪煤田的太原群薄层灰岩岩溶水（山东省一带为徐家庄灰岩水），并往往得到中奥陶系灰岩水补给	采后冒裂带、断层带及陷落柱，封孔不良的老钻孔，或采掘工作面直接揭露薄层灰岩岩溶裂隙带突水	徐州青山泉二号井、淮南谢一矿，肥城大封煤矿，杨庄矿（徐灰），新蜜芦沟矿
	厚层灰岩水	煤层间接顶板厚层灰岩含水层，并往往受地表水补给	采后冒裂带、采掘工作面直接揭露或地面岩溶塌陷坑	江西丰城云庄矿
		煤系或煤层的底板厚层[在我国煤矿区主要是华北的中奥陶系厚层（500～600m）和南方晚二叠统阳]灰岩水，对煤矿开采威胁最大	采后底臌裂隙、断层带、构造破碎带、陷落柱或封孔不佳的老钻孔和地面岩溶塌陷坑吸收地表水	峰峰一矿，焦作演马庄矿、冯营矿、中马村矿、淄博北大井，开滦范各庄矿

对表 2.1 的说明[60]如下。

（1）表中煤矿水灾害类型是指按某一种水源或以某一种水源为主命名的。然而，多数煤矿水灾害往往由 2～3 种水源造成，单一水源的矿井水灾害较少。

（2）顶板水或底板水，只反映含水层水与开采煤层所处的相对位置，与水源丰富与否、水灾害大小无关。同一含水层水，既可以是上覆煤层的底板水，又可以是下伏煤层的顶板水[61]。例如，峰峰矿区的大青灰岩水，既是小青煤层的底板水，又是大青煤层的顶板水。

（3）断层、旧钻孔、陷落柱等均可能成为地表水或地下水进入矿井的通道（水路），它们可以含水或导水，但是以它们命名的水灾害，既不能反映水源的丰富程度，又不能表明对矿井安全危害和威胁的严重性。因为由其导水造成的煤矿水灾害有大有小，有的甚至造成不了水灾害，其危害或威胁程度，取决于它们的水源是否丰富[62]。

2.2　煤矿水灾害危害及其分类

2.2.1　煤矿水灾害危害

煤矿水灾害的每次发生均会造成巨大的财产损失或人员伤亡,包括直接经济损失、煤矿工作日损失及人员伤亡,与其他几类煤矿灾害相比,水灾害的危害性最大。某省 2002 年 1 月～2003 年 8 月发生的煤矿灾害(水、火、瓦斯、冒顶及其他各种事故)数据统计分析见表 2.2。

表 2.2　某省 2002 年 1 月～2003 年 8 月煤矿灾害数据统计分析[63,64]

事故类型	事故起数/起	所占比例/%	死亡人数/人	所占比例/%	经济损失额/万元	所占比例/%	工作日损失/工日	所占比例/%
煤矿瓦斯	25	6.6	166	25	288	14.0	448850	17.6
火灾	7	1.9	4	0.6	96	4.7	108500	4.3
水灾	20	5.3	116	17.5	340	16.5	373800	14.7
冒顶	119	31.5	141	21.3	381	18.5	621465	23.4
其他	207	54.7	236	35.6	957	46.3	997981	40.0
总计	378	—	663	—	2062	—	2550596	—

从表 2.2 可以得知:

(1)水灾害是煤矿 5 大灾害中仅次于冒顶和煤矿瓦斯的第三大灾害,各种灾害平均每起死亡人数如下:瓦斯每起死亡人数 6.64 人,火灾每起死亡人数 0.57人,水灾每起死亡人数 5.58 人,冒顶每起死亡人数 1.18 人。从上面的数据可以得知,煤矿瓦斯每起的死亡率最高,水灾次之,数字惊人。

(2)各种灾害的损失不同,瓦斯平均每起损失 11.52 万元,火灾平均每起损失 13.71 万元,水灾害每起损失 17 万元,冒顶每起损失 3.20 万元。其中水灾害的损失最大。

(3)各种灾害的工作日损失更大,煤矿瓦斯每起损失工作日为 17954 工日,火灾每起损失工作日为 15500 工日,水灾每起损失工作日为 18690 工日,冒顶每起损失工作日为 5222 工日。其中工作日损失最多的是水灾。

(4)从上述分析可以看出,如果给灾害每种损失做一个标准评分,评分最高的应该是水灾和煤矿瓦斯,即它们的危险系数最高。

2.2.2　煤矿水灾害分类

煤矿水灾害造成的损失可以分为显在损失和潜在损失两大类,具体内容见

表 2.3。

可以看出,煤矿水灾害的发生造成的显在损失和潜在损失都是巨大的,如何尽量避免灾害的发生以及在灾害发生后的抢救过程中把损失降到最低成为煤矿开采业必须深入研究的课题[65]。

表 2.3　煤矿水灾害造成的损失内容[66]

显在损失	潜在损失
人员的伤亡; 煤矿的淹没造成设施及设备的损坏; 矿井的淹没造成工作日的损失; 水灾害的发生造成抢救工作所需的各种物力、人力及能源的消耗; 煤矿恢复所需的各种资源消耗	人员的伤亡给家庭造成的心理上的伤害及劳动力的损失; 矿井的淹没造成煤炭生产量的减少; 矿井的淹没造成矿工的闲置和设备的闲置

2.3　我国煤矿水灾害特点及分布

2.3.1　我国煤矿水灾害的特点

煤矿水灾害是与瓦斯、煤尘等并列的煤矿建设与生产过程中的主要灾害之一。

长期以来,煤矿水灾害给国家和人民带来的人身伤亡和经济损失极为惨重。

据不完全统计,在过去的 20 年,我国有 200 多个矿井被水淹没,死亡 1700 多人,经济损失高达 350 多亿元,尤其是 20 世纪 80 年代中期,我国处于快速开发煤炭时期,也是煤矿水灾害最为严重的时期,当时在开滦、肥城、焦作等矿区连续发生多期灾难性突水淹井事故。后来,随着政府对煤矿灾害治理工作监管力度的加大,我国煤矿水灾害事故方呈现出逐年减少的趋势。

然而 2002～2003 年,突水淹井事故又呈现出上升的趋势[67]。据不完全统计,2003 以来我国煤矿发生特大突水事故 14 次,其中国有重点煤矿 2 次,地方国有煤矿 4 次,乡镇煤矿 8 次。在这些突水事故中,小煤窑及废弃矿井诱发 10 次,陷落柱及构造因素诱发 3 次,其他原因 1 次,人员伤亡和财产损失惨重。

通过对突水事故的初步分析,可以看出我国煤矿突水灾害分布具有如下特点:

(1) 突水发生的频率呈现上升趋势,突水灾害的突发性强,人员伤亡较大。

(2) 灾难性突水主要来源于两个途径,即隐伏导水陷落柱造成的底板高压水突入和废弃关闭的小煤矿导通老空水或地表水溃入。

（3）突水发生的矿井与其防治水措施及管理水平有密切关系。统计数据表明，近期发生的突水事故中，乡镇煤矿占 70% 以上，地方煤矿占 20% 以上，而国有重点煤矿占不到 10%。由此可见，加强和重视防治水灾害工作对有效控制煤矿事故具有重要意义。

（4）突水事故的高发期往往出现于煤炭工业的快速发展期，也就是说，在高产高效的同时，如何确保安全是必须重视的问题。

2.3.2　我国煤矿水灾害的分布

根据我国产煤区的不同地质和水文地质特征，考虑到矿井富集水对煤炭生产的危害程度，可将我国煤矿划分为 6 个矿井水灾害区，见表 2.4。

表 2.4　我国煤矿水灾害区概况

水灾害分区名称	气候大区年降水量及其覆盖面积的比例	矿井水对生产危害程度
华北石炭二叠系岩溶-裂隙水灾害区	亚湿润-亚干旱气候区 600～1000mm 约占 70%； 200～600mm 约占 20%	出水、突水较频繁，涌水量大或特大（1000～123180m³/h）。常常影响生产或淹井，或负担巨大排水费用，采煤和矿井安全都受到严重威胁，区内中深部下组煤有几百亿吨不能开采
华南晚二叠统岩溶水水灾害区	湿润气候区 1200～2000mm 约占 95% 以上	出水、突水很频繁，经常影响生产或淹井，突水量大（2700～27000m³/h），矿井正常涌水量亦大（3000～8000m³/h）。负担巨额排水电费（400～1500 万元/a）；地面塌陷严重，井下黄泥突出堵塞井巷。矿井安全受到严重威胁，雨季更危险
东北侏罗系裂隙水水灾害区	湿润-亚湿润气候区 400～600mm 约占 60%； 600～800mm 占 25%	一般不影响生产，部分矿区受地表水和第四系松散层水的危害较重，有时造成淹井事故
西北侏罗系裂隙水水灾害区	干旱气候区 25～75mm 占 80%； 75～100mm 占 80%； 100～400mm 占 20%	本区严重缺水，存在供水问题，仅少部分地区有地表水和老空水造成的煤矿水灾害

续表

水灾害分区名称	气候大区年降水量及其覆盖面积的比例	矿井水对生产危害程度
西藏-滇西中生界裂隙水水灾害区	湿润-亚湿润气候区 300～600mm 约占 55%； 800～1000mm 约占 35%； 1000～2000mm 约占 10%	西藏-滇西和台湾中新生代煤田煤炭储量仅占全国储量 0.1%，水文地质条件比较简单，水灾害也不严重
台湾第三系裂隙-孔隙水水灾害区	湿润气候区 1800～4000mm 约占 95%以上	

从表 2.4 中可以看出，我国煤矿水灾害主要分布在华北和华南两大区，其矿井水文地质条件极为复杂，水灾害严重。例如，华北石炭二叠纪煤矿的基底中奥陶岩溶-裂隙水水灾害，黄淮平原新生界松散层水的水灾害，华南晚二叠世煤矿的顶底板灰岩岩溶水水灾害；而东北侏罗纪煤田虽然存在着裂隙水及第四系松散层水的危害，但不严重；西北侏罗纪煤田处于干旱、半干旱气候区，区内严重缺水，甚至存在供水问题；西藏-滇西及台湾的中新生代煤矿的水文地质条件比较简单，水灾害问题较轻[68]。

另外，第四系水（孔隙水）、地表水体所造成的水灾害，不同程度地存在于各大类型区内，其中黄淮平原煤田（属华北水灾害类型区）第四系水造成的水灾害较为严重，在煤田开发过程中，流沙溃入并淹没矿井事故较多。例如，1963 年 7 月徐州新河煤矿 502 工作面突然溃入冲积层水、流沙和黄泥，淤塞巷道 1200m，造成矿井停产 58 天[69]。

老窑水（古井、小窑）水灾害常常造成局部停产或淹井事故，并伴有人身伤亡。这种水灾害几乎存在于所有矿区，危害程度与其所在水灾害类型区相关。

2.4　煤矿水灾害防治的一般措施

水灾害是煤矿开采业的主要危害之一，并且突发性强，危害性大。因此，应重在预防，兼顾救灾预案和储备装备。应定期收集、调查和核对相邻煤矿和废弃的老窑情况，并在井上下工程对照图示中标出其井田位置、开采范围、开采年限、积水情况；针对水文地质条件复杂的矿井，建立地下水动态观测系统进行地下水动态观测并制定相应的"探、防、堵、截、排"综合防治措施；同时，煤炭生产企业每年雨季前必须对防治水工作进行全面检查;雨季受水灾害威胁的矿井,应制定雨季防治水措施,并组织抢险队伍,储备足够的水灾害抢险物资。

2.4.1　地面水灾害防治

煤炭生产企业必须查清矿区及其附近地面水流系统的汇水、渗漏情况,疏水能力和有关水利工程情况,掌握当地历年降水量和最高洪水位资料,建立疏水、防水和排水系统[70]。

井口附近或塌陷区内外的地表水水体可能溃入井下时必须采取措施,并遵守下列规定:

(1) 严禁开采煤层露头的防水煤柱。

(2) 容易积水的地点应修筑沟渠,排泄积水。修筑沟渠时,应避开露头、裂隙和导水岩层。低洼地点不能修筑沟渠排水时,应填平压实;如果范围太大无法填平时,可建排洪站排水,以防止积水渗入井下。

(3) 矿井受河流、山洪和滑坡威胁时,必须采取修筑堤坝、泄洪渠和防止滑坡措施。

(4) 排到地面的地下水必须妥善处理,避免再渗入井下。

(5) 对漏水的沟渠和河床,应及时堵漏或改道。地面裂缝和塌陷地点必须填塞,同时填塞工作必须有安全措施,以防止人员陷入塌陷坑内。

(6) 每次降大到暴雨时和降雨后,必须派专人检查矿区及其附近地面有无裂缝、老窑陷落和岩溶塌陷等现象,发现漏水情况应及时处理。

(7) 使用中的钻孔必须安装孔口盖,报废的钻孔必须及时封孔。

2.4.2　井下水灾害防治

井下防治水灾害措施如下[71,72]。

(1) 相邻矿井分界处必须留防水煤柱。矿井以断层分界时,必须在断层两侧留有防水煤柱。

(2) 井巷出水点的位置及其水量,有积水的井巷及采空区的积水范围、标高和积水量,必须绘于采掘工程平面图上。在水淹区域应标出探水线的位置,采掘到探水线位置时应探水前进。

(3) 水淹区积水面以下的煤岩层中的采掘工作,应在排除积水以后进行;如果无法排除积水,必须编制设计方案经上级管理部门审批后方可进行。

(4) 井田内有与河流、湖泊、溶洞、含水层等有水力联系的导水断层、裂隙(带)、陷落柱时,必须查出其确切位置,并按规定留设防水煤(岩)柱。巷道穿过上述构造时,必须探水前进。如果前方有水,应超前预注浆封堵加固,必要时预先建筑防水闸门或采取其他防治水措施。

（5）采掘工作面或其他地点发现有挂红、挂汗、空气变冷、雾气、水叫、顶板淋水加大、顶板来压、底板鼓起或产生裂隙，以及渗水、水色发浑、有臭味等突水预兆时，必须停止作业，立即上报调度室并发出警报，撤出所有受水灾害威胁地点的人员。

（6）矿井必须做好采区、工作面水文地质探查工作，选用物探、钻探和水文地质实验等手段查明导水性、主要含水层厚度、岩性、水质、水压，以及隔水层岩性和厚度等情况。

（7）煤层顶板有含水层和水体存在时，应当观测"三带"发育高度。当导水裂隙带范围内的含水层或老窑积水影响安全开采时，必须超前探放水并建立疏排水系统。

（8）承压含水层与开采煤层之间的隔水层能承受的水头值大于实际水头值时，可以"带水压开采"，但必须制定安全措施，按管理权限报相关部门审批。

（9）承压含水层与开采煤层之间的隔水层能承受的水头值小于实际水头值时，开采前必须采取下列措施报相关部门审批[73]：①采取疏水降压的方法，把承压含水层的水头值降至隔水层能承受的安全水头值以下，并制定安全措施。②承压含水层不具备疏水降压条件时，必须采取建筑防水闸门、注浆加固底板、留设防水煤柱、增加抗灾强排能力等防水措施。

（10）煤系底部有强岩溶承压含水层时，主要运输巷和主要回风巷必须布置在不受水威胁的层位中，并以石门分区隔离开采。

（11）水文地质条件复杂或有突水淹井危险的矿井，必须在井底车场周围设置防水闸门。在其他有突水危险的地区，只有在其附近设置防水闸门后方可掘进。防水闸门必须灵活可靠，并保证每年进行两次关闭试验，其中一次应在雨季前进行，关闭闸门所用的工具和零配件必须由专人保管，在专门地点存放，不得挪用丢失。

（12）主要排水设备应符合下列要求[74,75]：①必须有工作、备用和检修的水泵。工作水泵的能力，应能在20h内排出矿井24h的正常涌水量（包括充填水及其他用水）。备用水泵的能力应不小于工作水泵能力的70%。工作和备用水泵的总能力，应能在20h内排出矿井24h的最大涌水量；检修水泵的能力应不小于工作水泵能力的25%。水文地质条件复杂的矿井，可在主泵房内预留安装一定数量水泵的位置。②必须有工作和备用的水管。工作水管的能力应能配合工作水泵在20h内排出矿井24h的正常涌水量。工作和备用水管的总能力，应能配合工作和备用水泵在20h内排出矿井24h的最大涌水量。③应同工作、备用及检修泵相适应，并能够同时开动工作和备用水泵。④有突水淹井危险的矿井，可另行增建有抗灾强排能力的泵房。主要泵房至少有两个出口：一个出口用斜巷通到井筒；并应高出泵房底板7m以上；另一个出口通至井底车场，在此出口通路内，应设置易于关闭的既能防水又能防火的密闭门。泵房和水仓的连接通道,应设置可靠的控制闸门。⑤主要水仓必须有主仓和副仓,当一个水仓清理时,另一个水仓能正常使用。⑥水泵、水管、闸阀、排水用的配电设备和输电线路,必须经常检查和维护。在每年雨季以前,必须全面检修一次,并对全部工作水泵和备用水泵进行一次联合排水试验,发现问题及时处理。⑦水仓、沉淀池和水沟中的淤泥应及时清理,每年雨季前必须清理一次。

2.5 煤矿水灾害快速救援分析

流程分析是系统研究的一种重要方法和手段。对系统的流程进行深入分析,建立科学合理的运作模型,对模型进行解析设计,能够有效提高系统运行性能。

2.5.1 传统煤矿水灾害快速救援流程分析

我国现有煤矿数万个,仅河南省就有 2000 多家,水灾害的突发性、差异性和小概率等特点使得一些煤矿在发生水灾害时,在救灾设备、救灾技术和救灾人才上几乎处于空白状态,因而一旦灾害形成,多数煤矿处于忙乱状态,救灾流程混乱。

1. 现有煤矿水灾害快速救援流程描述

现有煤矿水灾害救援系统流程如图 2.1 所示[76,77]。

2. 现有煤矿水灾害快速救援流程的缺陷分析

对现有煤矿水灾害救援流程进行分析不难发现,该流程存在滞后性、非专业性、被动性和政府干预性等诸多缺陷,主要体现在如下几个方面:

(1) 注重水灾害救援事后应急抢救,忽视灾害征兆的研究和应对处理。实际上,在水灾害来临之前大多会有一些前兆,如井巷冒汗、井下气温明显降低、顶底板机械裂变或有断裂声和风声等征兆。相关人员应对这些征兆采取必要的防范措施和应急对策。例如,坚持有疑必探、打探水钻,在突水地区设置水闸门等技术措施,必要时迅速撤离工人,以免造成人员伤亡。

(2) 现有系统流程救灾的主体是煤炭生产企业和当地政府,行业主管部门起着协调社会资源的作用。因灾害的小概率性,面对灾害的矿方及政府往往缺乏专业人才、专门技术、专业救灾装备进行煤矿水灾害救援。此外,各级政府及相关部门的多方参与协调又减轻了协调指挥的力度,常常造成煤炭生产企业无所适从。因而迫切需要建立一个完善的专业水灾害协调指挥中心,以汇聚专家人才库、救灾对策方案库、紧缺材料信息库,并紧急调用必要物资以备急用。

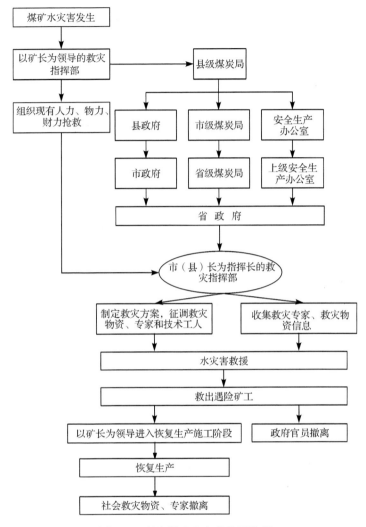

图 2.1　现有煤矿水灾害救援流程

（3）救灾信息流向繁杂，决策制约因素过多，救灾反应迟缓。由此急需建立一个煤矿水灾害救援通信中心（灾情呼叫中心），使煤矿抢险信息实现点对点对接，进而发散给各级政府及主管部门，建立以煤矿和专业救灾中心为主体，政府提供协调和服务的救灾机制。

（4）政府干预过多，救灾专家和装备汇聚手段主要是行政命令，缺乏必要的资金保障。在行政命令的干预下，救灾专家和物资汇聚煤矿进行抢救。一旦遇险矿工被救出，政府便撤离现场，汇聚起来的专家和物资随之交给煤矿管理，救援行为由政府主导变为煤炭生产企业主导。由于受灾矿山一般经济损失较大，且相当一部分为民营企业,造成救灾专家和救援物资得不到相应的补偿,严重挫伤了救灾专家和救灾部门的积极性。可以考虑以省为单位,从煤矿收益中按一定比例征收灾害保险费,集中用于矿山灾害救援,以补偿参加救援人员和设备的损失。

2.5.2　基于 BPR 理论的煤矿水灾害快速救援流程分析

企业流程再造(business process reengineering,BPR)概念于 1990 年由美国麻省理工学院 Hammer 教授在"Reengineering Work:Don't Automate,Obliterate"一文中首次提出。在文中,BPR 被定义为从根本上重新思考和彻底改造企业流程,以便在衡量绩效的关键指标(如成本、质量、服务、速度等)方面取得突破性改善。该定义中包含 4 个关键词——根本(fundamental)、彻底(radical)、戏剧性(dramatic)和流程(process)。

"根本"是指 BPR 要对与企业流程相关的经营问题进行根本性反思,正视作为经营方式的基石而埋藏在人们思维深处的各种陈旧的经营理念。例如,BPR 不是考虑"怎样才能提高审核顾客信用的效率",而是应该反思"为什么一定要审核顾客的信用",对经营理念中"顾客不可信任"的假设进行深刻质疑;不是考虑如何把现有的事情做得更好,而是决定企业应该和必须做什么及怎样去做,这就是从根本上重新思考。

"彻底",是指 BPR 不是对流程进行调整修补,而是摈弃既定流程,以及与之相关的旧式思维模式和组织管理体制,按实际需要进行深入彻底的改造,重新设计和实现流程。

"戏剧性",是指 BPR 的目标是要取得绩效的突飞猛进,而不是小幅的提升。后者的实现只需要对原有的企业流程进行调整修补即可,而 BPR 将打破一切既有束缚,高昂的改革成本必然要求取得戏剧性改善绩效的回报。

"流程"是 BPR 中的核心关键词。简言之,流程就是将输入转化成输出的一组彼此相关的资源和活动。整个企业流程系统的最终输出结果是对顾客有价值的产品或服务。Hamme 指出,人们在工作中通常只注意到局部的工作任务,对流程整体却视而不见。人们总是习惯于把注意力放在整个流程中自己负责的那部分上,只注重对内(内部组织)和对上(上级领导或部门)负责,却不注重对外(外部环境)负责,从而忽视了流程最终所要实现的目标。BPR 正是要对传统流程进行再造,以求得绩效的戏剧性改善[78~81]。

从本质上说,BPR 的思想突出联系、运动和发展的观点,强调主要矛盾和矛盾的主要方面,其内核与建立在辩证唯物主义世界观之上的系统不谋而合。本书应用 BPR 的思想对现有煤矿水灾害救援系统进行改造,在系统分析现有煤矿水灾害救援系统的基础上,应用 BPR 理论针对其存在的缺陷,提出了改进和改造措施,重新设计了煤矿水灾害救援的系统流程。如图 2.2 所示。

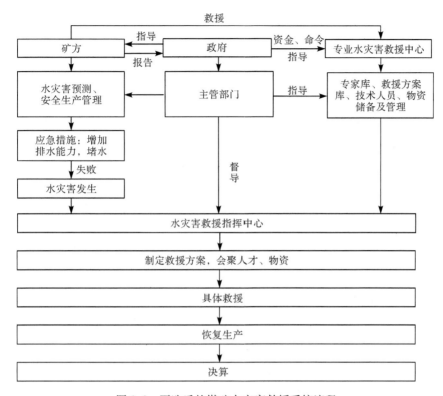

图 2.2　再造后的煤矿水灾害救援系统流程

2.5.3　煤矿水灾害快速救援运作模型建立

煤矿水灾害救援系统的运作研究主要是在系统总体研究和现有流程分析的基础上,从运作层面对整个煤矿水灾害救援系统进行研究。

1. 煤矿水灾害救援系统运作分析

在分析了救援系统的框架后,站在水灾害救援中心的角度,对救援系统进行进一步改造,可以把整个系统的运作分为 3 个过程,即灾前准备过程、灾情救援过程和灾后处理过程。相应地,把煤矿水灾害救援系统分为灾前准备子系统、灾情救援子系统和灾后处理子系统 3 个运作子系统[82~84]。

（1）灾前准备子系统。

灾前准备子系统主要是为水灾害的救援工作做好各种准备,包括依据煤矿水灾害发生的频率和发生过程中各种设备的使用频率来确定购买煤矿水灾害救援所需设备的数量并进行经济分析,设备的库存管理,设备的保养维护,设备的运输分析和运输方案的制定,人员的配备和培训,各地专家和设备的资料信息库的建立和管理,对水灾害的快速反应机制等。

（2）灾情救援子系统。

灾情救援子系统是指水灾害救援过程中的各种活动,包括各类专家的邀请,水灾险情的分析,排水方案的制定和选择,设备的选择和运输到位,动力的供应,人员的安排,设备的组装和调试,工期的安排和进度控制,排水方案的执行及排水过程中为了高效实现排水目标所做的各项工作,排水过程中可能出现意外情况的应急措施等。

（3）灾后处理子系统。

灾后处理子系统主要是对灾害救援工作完成后的一系列工作,主要包括矿井生产的恢复和被损坏设备的修理,被救人员的救护和遇难人员的善后处理,对将来发生水灾的可能性分析及采取的防治措施,救援系统的拆卸和运输,对水灾害发生及救援资料的总结和技术创新等。

煤矿水灾害救援系统的运作结构如图 2.3 所示。

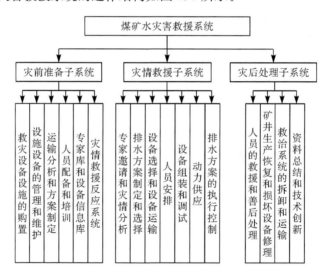

图 2.3　煤矿水灾害救援系统的运作结构

2. 煤矿水灾害救援系统运作模型

从图 2.3 可以得知,煤矿水灾害救援系统的运作结构分为灾前准备子系统、灾情救援子系统和灾后处理子系统三个子系统,这三个子系统之间相互联系、相互协调。

灾前准备子系统是灾情救援子系统的基础。灾前准备子系统是为灾情救援子系统的更好运作做好充足的准备,包括性能良好的设备、高效的设备运输系统、高素质的技术人员和管理协调人员,以及快速的灾情反应系统。灾前准备子系统运作得好才能实现高效、安全可靠的水灾害救援;灾情救援子系统的实践经验也为灾前准备子系统提供有力的指导,这样在水灾害发生时,可以使准备工作更加充分;灾后处理子系统是灾情救援子系统的总结和延续,为将来的灾情救援提供经验支持和技术支持,同时也为灾前准备子系统在灾情发生前做好充足准备提供依据。

但以上三个子系统各有侧重,灾前准备子系统的重点是设备的保养和维护、人员的培训和灾情快速反应系统的建立;灾情救援子系统的侧重点是排水方案的制订和选择、设备的组装和调试、排水方案的执行和控制;灾后处理子系统的侧重点是技术总结和创新。煤矿水灾害救援系统的运作模型如图 2.4 所示[85~87]。

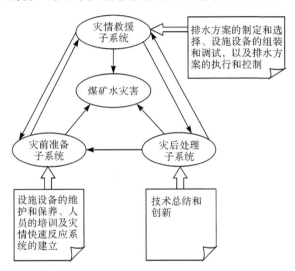

图 2.4　煤矿水灾害救援系统的运作模型

2.5.4　煤矿水灾害快速救援运作模型解析

对煤矿水灾害救援系统的流程结构分析,是为了对煤矿水灾害进行更加有效的救援。本书将面向专业煤矿水灾害救援中心的建设,从系统的整体性出发,对煤矿水灾害救援系统的流程结构进行进一步改造,使得整个煤矿水灾害救援系统更加合理有效地运作。

1. 灾前准备系统

灾前准备系统的主要目的是在煤矿水灾害未发生之前,做好灾情救援的各项准备工作,使得救灾设施处于最佳状态,针对可能发生水灾害的情况制订一整套救灾物资运输方案,使得人员的技术素养和管理素养处在较高的水平,同时建立煤矿水灾害救援所需的专家库和社会救灾物资信息库,进而建立一个高效的灾情救援反应系统。

1) 救灾设备的购置

煤矿水灾害救援所需的设备价格昂贵,只有专业的水灾害救援单位才有必要购买这些大型设备。从专业水灾害救援单位的角度考虑,既要保证能在水灾害救援过程中高效及时的完成煤矿水灾害救援的任务,又要尽量避免因购买多余设备而占用有限资金[88]。

在购买水灾害救援所需的设备之前,要先确定煤矿水灾害救援时需要哪些设备及需要的数量,结合可用资金量,优先购买最急需设备。

2) 加强设备的管理和维护[89]

在灾前救援系统中,设备的管理主要是库存管理,而设备的维护,主要是指在库存管理过程中,定期对设备进行维修。

专业水灾害救援单位储备一定数量和品种的救灾设备十分必要,它是及时有效救援水灾害的物资保证,其作用在于以下两个方面[90,91]:

(1) 缩短煤矿水灾害救援准备期。专业水灾害救援单位一般储存了大量煤矿水灾害救援所需设备,当煤矿水灾害发生时,救援单位可以运输储存设备对煤矿水灾害进行救援,以缩短煤矿水灾害救援的准备期,减少煤矿水灾害造成的损失。

(2) 保证煤矿水灾害救援过程的连续性。在煤矿水灾害救援过程中,可以根据需要,随时运输所需设备,以保证煤矿水灾害救援的连续性。

煤矿水灾害救援设备的储备可以按照库存理念管理。在一般生产系统中,库存管理的目标是提高服务质量,降低成本,在产品的现货供应能力(或客户服务水平)与支持该现货供应能力的成本之间进行权衡,并将与保障每一个客户服务水平相关的库存成本降到最低。在煤矿水灾害救援系统中,则既要实现高效及时地对煤矿水灾害进行救援,又要将库存成本降至最低。

煤矿水灾害救援设备的库存目标如下:

(1) 库存的设备能满足大部分煤矿水灾害发生所要求达到的救援能力,即储存足够的设备,满足水灾害发生时的应急救援能力。

(2) 保证储存设备在满足水灾害的应急救援能力基础上,库存成本最低。

通过对煤矿水灾害救援系统库存目标的解析可以看出,该系统的库存管理是在煤矿水灾害救援水平和库存成本之间进行的权衡。

煤矿水灾害救援系统库存的首要目标是能高效及时地对煤矿水灾害进行救援。通常该系统会对煤矿水灾害救援的能力建立一个判断标准,该判断标准是现有的库存满足煤矿水灾害救援的能力,可以定义为煤矿水灾害救援的能力水平相当于一般生产系统中所谓的服务水平,煤矿水灾害救援的能力水平表达如下:

$$L = \frac{C_1}{C_2} \tag{2.1}$$

式中,L 为煤矿水灾害救援的能力水平;C_1 为煤矿水灾害救援时能够满足需要的设备价值;C_2 为煤矿水灾害救援时所需的设备价值。

式(2.1)中,C_1 与库存成本正相关;C_2 在一定时间内趋向于稳定值;L 达到 1 以后,增加设备会导致库存成本增加,因此,库存成本与煤矿水灾害救援能力水平之间的关系如图 2.5 所示。

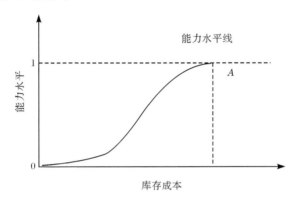

图 2.5　煤矿水灾害救援的能力水平与库存成本关系

当煤矿水灾害的救援能力水平为 1 时,成本最低的点为 A 点。

但实际运行中,煤矿水灾害救援能力水平为 1 不现实,主要有以下几个方面的原因:

(1) 每次水灾害发生的原因、类型、灾情的危害程度,以及灾情发生地点均不一样,所以很难做到对所有的煤矿水灾害救援所需的设备均有库存。

(2) 即使能够对所需的所有设备备有库存,由于需要的设备种类繁多,势必增加管理成本。

鉴于以上两方面原因,在实际流程中,专业水灾害救援单位备有常用的设备,对于特殊的设备(非常用设备)可采取外包策略,即从外部寻求资源,调集社会资源。作为专业水灾害救援单位,采取外包策略能够实现专业水灾害救援单位整合利用社会资源,以实现提高煤矿水灾害救援能力水平、提高煤矿水灾害救援效率、降低成本之目的[92,93]。

专业水灾害救援单位在煤矿水灾害救援过程中采取外包策略主要有以下几个优点:

(1) 能够灵活快速地对煤矿水灾害的发生进行救援。

(2) 专业水灾害救援单位可以集中有限资源发挥自身的优势。

(3) 降低风险,缩减专业水灾害救援单位规模。

对煤矿水灾害进行救援,充分发挥专业水灾害救援单位的核心优势,同时降低风险,使得专业水灾害救援单位更具灵活性,但是给专业水灾害救援单位的流程带来了挑战,特别是采取外包策略的前提是必须充分了解专业水灾害救援单位的自身能力,以信息化策略为依托,这些内容将在后面做详细研究。

同时,要对库存装备进行统计分类,一般采用 ABC 分类法,把使用率最高的设备定义为 A 类,使用率较高的定义为 B 类,使用率不高占用库存空间资金比较大的定义为 C 类。其 A 类设备是重点管理对象,B 类设备属于次重点管理对象,C 类设备属于非重点管理对象。

对于设备的库存管理,可采用数据库跟踪管理方法,主要做好以下三方面工作——入库管理、出库管理及设备运行及维修档案管理。

入库管理,主要是对新购买设备的入库管理和每次水灾害救援完成后运回煤矿水灾害救援单位设备的管理。对于新购设备要清楚记录设备的编号、名称、型号、数量、用途、供应商、购买经办人、入库时间、入库经办人、价格等。由于采用数据库跟踪管理,每一个设备必须有一个编号,编号规则可以根据设备的实际情况进行定义,如标号 DJ-0001 表示序号为 0001 的电机,DJ 是电机名称的缩写,一旦定下来就不能随意更改,新购买设备的管理表格见表 2.5。每次煤矿水灾害救援完成后,要从水灾害救援现场把设备运回仓库保管,对入库的设备进行等级管理,主要包括设备的标号、名称、型号、数量、出库时间、出库经办人、用途、入库时间、入库经办人、是否损坏等,登记表格见表 2.6。对于有损坏的设备,必须进行维修,同时把需要维修的设备归类,放置单独区域保管。

表 2.5　购买新设备入库登记表

序号	设备编号	名称	型号	数量	用途	供应商	购买经办人	入库时间	入库经办人	价格
1										
2										

表 2.6　煤矿水灾害救援设备入库管理登记表

序号	设备编号	名称	型号	数量	出库时间	出库经办人	用途	入库时间	入库经办人	是否损坏	备注

出库管理,是指出库的设备必须是完好的设备,出库之前应当进行性能检测,对于出库设备必须进行登记管理,包括设备的编号、名称、型号、数量、出库时间、出库经办人、运往何处等,登记表格见表 2.7。

表 2.7　煤矿水灾害救援设备的出库管理登记表

序号	设备编号	名称	型号	数量	出库时间	出库经办人	运往何处	备注

设备运行及维修档案管理,主要是记录设备的运行条件、运行性能、运行时间及维修更换零部件的情况,以便于测定设备的可靠度。

煤矿水灾害救援的装备随着使用次数的增加,会损坏或老化,对于损坏的设备要进行维修,对于老化的设备要及时进行更换。设备维护主要包括:定期对设备进行盘点,制订大修计划和购买计划[94~96]。

3) 人员培训

煤矿水灾害救援工作的专业性较强,对员工技能要求较高,应定期对人员进行技能培训:首先,应加强对员工的专业理论知识教育;其次,在每次水灾害救援完成后,必须进行总结和研讨,以提升员工的操作能力和水平。

4) 建立专家库和设备信息库[97,98]

煤矿水灾害救援需要调集各方面专业人才和专家,同时还要调集社会资源。如何快速调集相关专家及社会资源,是煤矿水灾害高效及时救援的必要保证。由此要求必须事先做好相关专家及社会资源的信息收集和管理工作,建立信息库,为煤矿水灾害救援提供信息支持。需做好以下几个方面的工作:

(1) 确定煤矿水灾害救援需要哪些专业人才和专家,对煤矿水灾害救援需要的各方面专家和专业人才信息进行收集,建立信息库。一旦发生煤矿水灾害需要救援时可以从信息库中调集需要的专家资料,然后以政府、专业水灾害救援单位和煤矿的名义对专家和专业人才发出邀请,在最短时间内调集各个方面的专家和专业人才。

(2) 要理清煤矿水灾害救援需要哪些物资,如专用探测仪器、起重设备、防水电缆、高压软管、机动排水设备等,同时对其进行分类,并详细了解专业水灾害救援单位服务范围内煤矿的相关信息,包括煤矿的产量、规模、地理位置、运输条件及当地水文地质资料等。然后收集这些物资在区域内的分布情况,建立煤矿水灾害救援社会资源信息库。

(3) 要做到定期对信息进行更新,确保信息真实可用。

(4) 在硬件和软件的选择上要根据具体情况做选择。

5) 建立快速灾情救援反应系统[99]

为缩短煤矿水灾害的快速救援时间,提高煤矿水灾害救援效率,需应用客户关系管理(customer relationship management, CRM)思想,以省为救援区域建立一个灾情救援反应系统。在灾情救援反应系统中建立一个灾情呼叫中心,该呼叫中心负责对本省的煤矿水灾害进行分析处理,为受灾单位、政府、专业救援单位及社会救援单位搭建一个快速信息平台。呼叫中心的运作原理如图2.6所示。

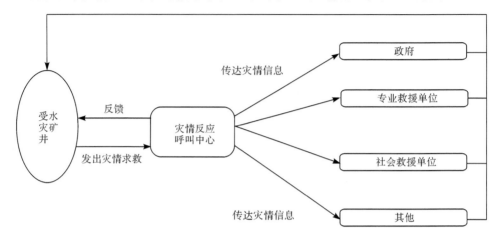

图 2.6　灾情反应呼叫中心运作原理

灾害反应呼叫中心附设在专业水灾害救援中心,政府对其给予资金支持,灾情反应呼叫中心对其呼叫行为负经济责任,其运作模式与火警119相似。

2. 灾情救援系统

在灾前准备系统做好各方面准备工作后,一旦发生灾情,即可对煤矿水灾害进行救援。事实上,这两个子系统之间相互连接,这个连接点就是灾情准备系统的灾情反应呼叫中心。当发生煤矿水灾害时,通过灾情反应呼叫中心对煤矿水灾害做出快速反应,使得灾前准备系统所做的各项准备工作能为煤矿水灾害救援服务。

煤矿水灾害救援系统的灾情救援子系统的主要作用是对煤矿水灾害进行快速救援,主要工作是对煤矿水灾害救援进行规划、设计和执行,以实现高效及时、安全可靠地救援水灾害,主要工作内容包括专家的邀请和灾情分析、救援方案的制订和选择、煤矿水灾害救援所需物资的选择和运输、工作分析和人员安排、设备组装和调试、动力供应、救援方案的执行和控制等。

1) 专家的邀请和灾情分析

一般情况下,视灾情的严重程度可选择不同的专家,如果水灾害的严重程度不高,涌水量不大,没有造成人员伤亡,而且通过排水就可以救援受灾煤矿,应立即采取措施,对煤矿水灾害进行抢救。如果煤矿水灾害造成人员伤亡,且煤矿水灾害的严重程度较高,政府应以行政干预的手段,要求煤矿和专业水灾害救援单位向各方面专家发出邀请。专家的作用主要是对煤矿水灾害的灾情性质、水灾害的类型、发生的原因和危害程度进行分析论证,为制订初步的煤矿水灾害救援方案提供依据[100,101]。

2) 煤矿水灾害救援方案的制订和选择

在专家组对煤矿水灾害基本情况进行分析和论证后,根据煤矿水灾害的灾情性质、水灾害的类型、发生原因及可调用的救灾物资情况,制订多个水灾害救援方案,并选择最佳水灾害救援方案。在煤矿水灾害救援方案的选择上应遵循以下几方面的原则[102]：

(1) 高效及时性原则。当煤矿水灾害造成人员伤亡时,以救人为首要目标,以最高效的技术手段和方法在最短的时间内对煤矿水灾害进行救援,从而把伤亡人员从煤矿中尽快救出。

(2) 安全性原则。要保证在救灾过程中,不发生新的人员伤亡,保证救灾工作人员的绝对安全。

(3) 经济性原则。在考虑煤矿水灾害系统高效及时、安全可靠运行的基础上,还应考虑煤矿水灾害救援系统运行的经济性。

制订救援方案应主要从以下几个方面入手：

(1) 首先要从煤矿水灾害的实际情况出发,综合专属包括水灾害的平均涌水量、矿井的结构、煤矿的地理位置和运输条件、是否有人员伤亡等在内的多方面内容。如果有人员伤亡,必须以最快的速度对煤矿水灾害进行救援；如果没有造成人员伤亡,可以从经济的角度对煤矿水灾害进行救援,寻求一种速度快、成本低、经济合理的救援方案。

(2) 制订煤矿水灾害救援方案还要考虑排水系统的选择、设备的运输、工作分析和人员安排、设备的组装和调试、动力供应,以及排水方案的执行和控制等内容。

(3) 在制订救援方案过程中,要充分发挥整体能动性,多方联动对煤矿水灾害进行救援。

3) 煤矿水灾害救援所需物资的选择和运输

在煤矿水灾害救援方案制订后,应根据制订方案选择设施、设备和物资,并利用政府进行调集,调集物资的原则是及时性。有鉴于所需的设备规格、型号不尽相同,所处区域也不一定相同,因而应利用专业水灾害救援单位信息系统制订调集和运输计划,从以下几个方面决策：

(1) 对选择的设备进行分类,除了一些基本的设备能就地获取外,要分清哪些设备需要调集,哪些设备需要购买。

(2) 结合煤矿水灾害发生的地点,与专业水灾害救援单位一起决定运输方案,首先要就近运输所需要的救灾物资,然后考虑从其他地区运输所需要物资。

(3) 在运输过程中,应选择最快的运输方式把需要的设备运至煤矿水灾害救援地点。

4）工作分析和人员安排

在制订水灾害救援方案后，除了要调集煤矿水灾害救援所需的物资外，还要根据制订的方案进行工作分析，制订救援进度，同时对相应工作进行安排，主要包括以下内容：

（1）救援三阶段，包括排水准备阶段、排水和排水控制阶段、排水结束处理阶段。排水准备阶段主要是做好设备的运输、动力供应、人员调集、设备的安装调试，使组装好的设备进入排水状态；排水和排水控制阶段主要是进行排水工作，做好各种控制工作和应急措施；排水结束处理阶段主要是指在排水结束后，对排水设备进行拆卸运输。

（2）在水灾害救援三阶段中，最重要的阶段是排水准备阶段，这个阶段工作的好坏决定了整个煤矿水灾害救援的成败。

（3）在排水和排水控制阶段，主要是做好控制工作和应急措施。在排水过程中，尽量保证整个排水过程不出现异常现象。控制工作包括在排水过程中，设备出现损坏要维修和更换，根据具体的情况对排水方案进行必要的修正。在排水过程中，往往会出现一些紧急情况，如出现瓦斯气突出等新的险情，必须有应急准备和防范措施。

（4）在整个救援工作过程中，必须把对时间的追求放在首位，同时确保工作可靠性，在救援过程中不能出现新的伤亡。

在对工作进行分析后，应该对整个煤矿水灾害救援工作的进度进行控制，分清工作的先后顺序及它们之间的逻辑关系。对整个进度控制一般采取关键路径法（critical path method，CPM），按以下几个步骤进行[103~105]：

（1）确定目标，即确定煤矿水灾害救援的整体进度，主要考虑整个救援过程需要的时间。

（2）对煤矿水灾害救援工作进行解析并列出全部工作代号。

（3）确定各项工作之间的顺序和衔接关系，即确定每一项工作之前要做好哪些工作及每项工作的紧后工作。

（4）确定各项工作的时间，即确定完成每项工作所要花费的时间。

（5）绘制工作网络图，根据前面确定的每项工作之间的顺序与衔接关系绘制工作网络图。

（6）计算时间并确定关键路径。计算每项工作的最早完成时间、最迟完成时间等时间指标，同时确定整体工作的关键路线，即确定整体工作的瓶颈。

（7）工作网络图的调整和优化。根据煤矿水灾害救援实际要求和具体情况，对整个煤矿水灾害救援工作进行调整和优化。

图 2.7 是 KQSG-W-1600-1450/300 煤矿水灾害救援工作的主要工序逻辑图。

由于各受灾矿井的基础条件、灾情特点和管理水平不一,工序工作时间也不一样,应结合各煤矿实际安排救灾工作。

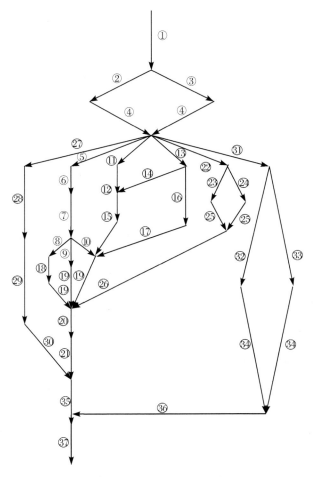

图 2.7　煤矿水灾害救援系统工序逻辑图

①专家邀请;②灾情分析;③受灾矿井动力、起重、交通、场地、现有物资等情报收集;④设计救灾方案;⑤专业单位救灾设备装车;⑥专业单位救灾设备运输;⑦专业单位救灾设备卸车;⑧电缆试验;⑨电机试验;⑩水泵试验;⑪场地平整及土木基础工程;⑫基础加固工程;⑬物资供应;⑭起重设备安装与固定绞车(斜井)或井架加固(立井);⑮滑轮组、钢丝安装;⑯机组结构件制作;⑰机组调试;⑱电缆接头制作;⑲机组组装;⑳管路组装;㉑排水运行;㉒动力供应方案设计;㉓调集电力设备;㉔系统维护;㉕动力系统调试;㉖动力保证;㉗矿水排放方案,施工方案;㉘周边关系协调;㉙排放水路施工;㉚排放水路验收;㉛接替抢险排水系统方案细化;㉜接替技术和材料准备;㉝调用接替设备;㉞接替排水施工准备;㉟维持低水位,等待抢占泵房;㊱抢占泵房;㊲拆卸救灾设备

5) 设备的组装和调试

(1) 安装前的准备工作[106,107]。

参加设备组装的技术人员及有关人员均需认真阅读安装使用说明书制订作业计划,绘制井架、井下布置、平面布置等有关图纸。安装工作必须在技术人员指导下进行,各类人员必须各负其责,严守岗位,做好如下准备工作:

① 认真检查所用起吊设备的承载能力,做到安全可靠,动作灵活。

② 准备必要工具,包括座卡、吊卡、内六角扳手、活扳手、沟头扳手、漏斗、水壶、兆欧表及其他常用工具。

③ 井架基础要坚定牢固,有足够的底面积、强度和刚度,基础要平整光滑,与井管中心线垂直。

④ 潜水电机及电缆运抵井口后,应做 24 小时浸泡试验。潜水泵应进行外测和盘泵试验。开关柜应再检查一次。

(2) 安装注意事项。

① 按随机带来的装箱单检查零部件是否与装箱单相符,是否完整无缺,运输途中是否有碰伤,特别是电缆有无损伤。

② 检查井孔内径是否满足水泵安装要求,水质是否满足使用条件的要求。

③ 检查泵与电机结合部位、密封端面有否碰伤,是否毛刺。如有则应进行修理。

④ 在下放泵的过程中,千万不能使电缆承受额外的轴向拉力,在需要移动时,必须借助钢缆和绳索,注意保护电缆。

⑤ 安装时切不可将任何东西掉入泵内,以免将泵卡住。

⑥ 井壁必须光滑,不能有突出部分,在废井内安装潜水电泵前,要将井内清洁干净,以免堵住吸水网罩。

⑦ 为了防止机组因法兰连接螺栓松动等造成意外事故,必须用两根足够强度的钢丝绳加以保险,钢丝绳的一端与连接法兰盘吊环孔相连,另一端固定于井架或井壁。

⑧ 为了保持良好密封性,法兰之间必须放置密封垫,螺栓须按对角方向顺序旋紧。

⑨ 水位信号检测器放于上吸入体上方 2～2.5m 处。

⑩ 根据水井流沙淤积情况,确定电泵距离井底的最小距离,以避免泥沙将接力电泵埋住,一般要求接力电泵下端距离井底不小于 0.5m。

6) 动力供应

多数抢险排水用的水泵为大功率笼型感应电动机拖动离心泵,启动要求电动机的启动转矩大于阻转矩(主要由水的静压、惯性、管道阻力、水泵的机械惯性和静摩擦、动摩擦等构成),且配电系统的线路电压降不超过允许值,这就要求选择救灾设备时必须考虑受灾矿井的动力供应能力,受灾矿井的供电能力必须满足救灾装备启动和运行的需要,必要时要对受灾矿井的供电系统进行改造[108]。

（1）供电系统的供电能力。

供电系统的供电能力与供电线路的截面积、供电距离、变电和控制设备的容量有关。核定受灾矿井的供电能力需要进行系统计算，此处仅将常用导线供电能力列出，见表 2.8。

表 2.8　常用导线供电能力[109]

导线截面积/m²	导线载流量/A		
	高压橡套	低压橡套	钢芯铝丝线
35	160	190	135
50	200	235	170
70	245	285	215
95	295	340	260
120	340	390	310

（2）增加受灾矿井供电能力的技术手段。

改造供电系统是增加供电能力的常用方法，但是这种方法投资大、周期长，对于有人员伤亡的受灾矿井来说是不适用的。通过对抢险排水用大功率笼型感应电动机拖动的离心泵启动过渡过程的研究发现，可以根据感性负载和容性负载互相补偿原理。利用并联电容动态补偿提高矿井的供电能力，这种方法投资小、安装快，可以与救灾装备同步安装，有利于提高救灾效率，解决了小电网条件下大功率潜水电泵的启动和经济运行问题。

笼型异步电动机常用的启动方式主要有全压启动、自耦降压启动及电抗器降压启动。这几种启动方式各有利弊：全压启动操作简便，启动转矩大，但启动电流很大，一般为额定电流的 4~7 倍，使母线电压显著下降，电机不能正常启动。《泵站设计规范》（GB 50265—2010）规定，高压电动机启动时，母线电压下降值不能超过额定电压的 15%；自耦降压启动可以减小启动电流，但启动转矩随之呈平方倍数减小，只适合于空载或轻载启动；电抗器降压启动存在启动时母线上电压波动较大的问题。在使用 QKSG1600-1450/300 潜水电泵进行煤矿抢险时，作者曾先后使用了这三种方法，但电机都未能正常启动。异步电动机静止时为强感性负载，启动时，无功电流所占的比例很大，功率因数仅为 0.15~0.25。在启动时并入电容，可以补偿启动过程中的无功电流，使电网提供的启动电流大为减小，从而降低线路压强，保持较高的启动转矩。电容启动的原理也可理解为用电容器代替电源来供给电动机启动时所需的无功电流，由电源来提供有功功率，从而提高电网效率，使电机在电网容量不大的情况下保证设备良好启动。其数学模型及电流相量图如图 2.8 和图 2.9 所示。

图 2.8 中，$Z_t = R_t + jX_t$ 为变压器阻抗；$Z_{tra} = R_{tra} + jX_{tra}$ 为架空输电线阻抗；

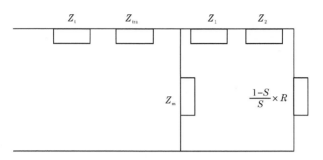

图 2.8 异步电机的数学模型

$Z_1 = R_1 + jX_1$ 为定子阻抗；$Z_2 = R_2 + jX_2$ 为转子阻抗；$Z_m = R_m + jX_m$ 为激磁阻抗。

图 2.9 中，V_1 为电机端电压；I_{mot} 为电机电流；I_c 为电容电流；I_{st} 为并联电容后的启动电流。

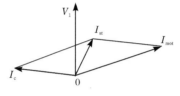

图 2.9 电流相量图

由图 2.8 可见，只要合理选择电容大小就可以使电容电流抵消大部分感性电流，从而减小 I_{st}。

7）煤矿水灾害救援方案的执行与控制

设备安装完成后即可开始排水工作，排水方案的控制主要是指在排水过程中对排水系统的保护和应急处理。在排水系统运行过程中，应做到以下几点[110]。

（1）派值班人员 24 小时对排水情况进行监控，定期观察排水系统的运行情况并做好记录。

（2）出现异常情况应立即向煤矿水灾害救援工作指挥小组汇报，如出现紧急情况，应立即停止排水。

（3）对于电机、泵等主要排水设备每天要定期检查其工作情况，并做好记录，防止因超负荷工作而出现损坏或者报废。

（4）及时更换故障设备，当排水系统出现故障时，应立即进行维修，并更换故障设备。

在排水过程中往往容易出现新的险情，如瓦斯气突出等，应立即采取预先制订的应急预案进行处理，同时应根据具体情况关闭正在工作的排水系统。

3. 灾后处理系统

该子系统的主要工作是对煤矿水灾害救援进行总结和分析，主要包括以下内容。

1）人员的救援和善后处理

煤矿水灾害的发生通常伴有人员遇险和伤亡，应坚持以人为本，妥善做好遇险受伤矿工身体和心理的康复工作，做好遇难矿工的善后和家属安抚工作。

2）灾害救援装备的回收和维修维护工作

煤矿水灾害救援工作完成后，要对各种救援设备进行回收，并及时进行维修和维护，保证救灾设备完好入库。对那些在救灾中损失和报废的材料和设备要及时补充，保证整体救灾能力不因本次救灾而降低。同时还应根据救灾需要进行总结，主动购置新的先进救灾装备，使水灾害救援能力可持续发展。

3）总结经验和知识创新

救灾后要对煤矿水灾害救援工作进行总结和创新，包括煤矿水灾害救援技术总结和管理总结。在技术方面，要总结在本次救援过程中采用的救援技术是否合理，有哪些地方需要改进，在技术的运用上有哪些新的思路；在管理方面，也要进行总结和创新，包括对救援物资的调集、方案的制订、人员的安排和管理、各项工作的协调、各个实体之间的相互配合等问题进行总结，为提高救援工作管理水平打下基础。

煤矿水灾害救援工作的总结和创新实际上是一个知识总结和创新的过程，灾后的工作总结和知识创新有利于提高煤矿水灾害救援系统的救援能力。

救援能力水平和每次煤矿水灾害救援总结的关系如图 2.10 所示。

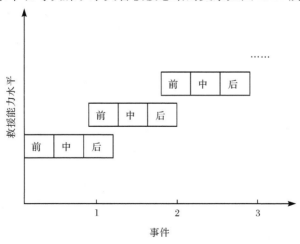

图 2.10　煤矿水灾害救援提高与总结创新的关系

由图 2.10 可知,每次煤矿水灾害救援工作结束后的总结和创新均有利于提高煤矿水灾害救援水平,每次的灾后总结创新是煤矿水灾害救援工作的一个重要环节。

2.6　本章小结

本章简要介绍了常见的几类煤矿水灾害情况。首先,在介绍煤矿水灾害的成因及其分类基础上,依据煤矿灾害数据统计分析了水灾害的危害及其分类;其次通过对一些突水事故的初步分析,发现新时期我国煤矿突水事故的分布特点,并将我国煤矿划分为 6 个矿井水灾害区;再次,从地面防治水灾害和井下防治水灾害两方面提出了防治煤矿水灾害的一般措施,最后进行了煤矿水灾害快速救援分析,为煤矿水灾害的致因机理分析、快速救援全生命周期评价、水灾害快速救援技术与装备、预警管理体系的建立等研究内容提供了理论和实践指导。

第3章 煤矿水灾害危险源分析

我国煤矿水灾害事故频繁发生的主要原因在于对煤矿水灾害的致因机理缺乏系统而正确的认识,而煤矿水灾害危险源辨识是构建煤矿水灾害致因机理体系、分析煤矿水灾害致因机理的前提。危险源辨识能够客观、科学、准确地分析系统的危险因素,同时根据危险源的结构特征确定危险源辨识标准,来确认煤矿水灾害致因系统存在的危险源。因此,必须深入分析煤矿水灾害危险源辨识,从而为后续煤矿水灾害的致因机理分析奠定坚实基础。

3.1 危险源及其辨识

3.1.1 危险源相关概念

1. 危险源内涵

通常情况下,触发危险的因素可以划分为危害因素(强调在一定时间范围内的累积作用)和危险因素(强调水性和瞬间作用)以区别客体对人体不利作用的特征和效果[111]。

危险源是指危险的根源,是可能造成人员伤害、环境破坏、财产损失或其组合的根源。危险源可以是存在危险的一件设备或一个系统等,也可以是系统中存在危险的一部分[112]。

一般来说,人们对导致煤矿灾害的根源即危险源的重视和研究较少,大多较关心灾情状况,这也是我国灾害事故频发的主要原因。

根据我国于2000年发布的《重大危险源辨识》(GB 18218—2000),重大危险源定义如下:长期或临时地生产、加工、搬运、使用或储存危险物质,且危险物质的数量等于或超过临界量的单元。根据以上定义可以把煤矿重大危险源定义为:在煤矿企业生产过程中,在危险因素导致事故发生时,不以其他危险源的存在而存在的危险物质或可能发生意外释放的各种能量超过临界值的设备、设施或场所,或是生产中可能客观存在的导致事故的生产活动或事件。

2. 危险源的构成

危险源由3个要素构成——潜在危险性、存在条件和触发因素。

（1）危险源的潜在危险性是指一旦触发事故，可能带来的危害程度或损失大小，或者说危险源可能释放的能量强度或危险物质量的大小。

（2）危险源的存在条件是指危险源所处的物理、化学状态和约束条件状态。例如，物质的压力、温度、化学稳定性，盛装压力容器的坚固性，周围环境障碍物等情况。

（3）危险源的触发因素虽然不属于危险源的固有属性，但它是危险源转化为事故的外因，而且每一类型的危险源均有相应的敏感触发因素。例如，易燃、易爆物质，热能是其敏感的触发因素；又如压力容器，压力升高是其敏感触发因素。因此，一定的危险源总是与相应的触发因素相关联的。在触发因素的作用下，危险源可以转化为危险状态，继而转化为事故。

3. 危险源的分类

按照危险源在事故发生、发展过程中的作用，可将危险源划分为第一类危险源和第二类危险源两类，见表 3.1。

表 3.1　危险源划分

危险源划分	构成因素
第一类危险源	能量、危险物质
第二类危险源	物的故障、人员失误、环境因素影响 导致约束、限制措施失效或破坏 能量意外逸散、危险物质意外泄漏

第一类危险源指的是在生产过程中存在的、可能发生意外释放的能量，包括生产过程中各种能量源、能量载体或危险物质，它决定了事故后果的严重程度；第二类危险源指的是导致能量或危险物质约束或限制措施失效的各种因素，广义上包括人的不安全行为、物的不稳定状态、环境不良和管理上的缺陷。它决定了事故发生的可能性。

其中，人的不安全行为包括：①操作失误；②造成安全装置失效；③使用不安全设备；④手替代工具作业；⑤冒险进入作业场所；⑥攀坐不安全位置；⑦在起吊物下作业、停留等。物的不稳定状态包括：①防护、保险、信号等装置缺乏或有缺陷；②设备、设施、工具、附件有缺陷；③个人防护用品缺少或有缺陷；④生产、施工场地环境不良。

参照事故类别和职业病类别进行分类[参照《企业职工伤亡事故分类标准》（GB 6441—1986）]，综合考虑起因物、事故的先发诱导性原因、致害物、伤害方式等，可以将危险因素分为以下 16 类。

（1）物体打击，是指物体在重力或其他外力的作用下产生运动，打击人体从而造成人身伤亡事故,不包括由机械设备、车辆、起重机械、坍塌等引发的物体打击。

（2）车辆伤害,是指机动车辆在行驶中引起的人体坠落和物体倒塌、飞落、挤压等伤亡,不包括起重设备提升、牵引车辆和车辆停驶时发生的事故。

（3）机械伤害,是指机械设备运动（静止）部件、工具、加工件直接与人体接触引起的夹击、碰撞、剪切、卷入、绞、碾、割、刺等伤害,不包括车辆、起重机械引起的机械伤害。

（4）起重伤害,是指在各种起重作业（包括起重机安装、检修、试验）中发生的挤压、坠落、（吊具、吊重）物体打击和触电等伤害。

（5）触电,包括雷击伤害。

（6）淹溺,包括高处坠落淹溺（不包括矿山、井下透水淹溺）。

（7）灼烫,是指火焰烧伤、高温物体烫伤、化学灼伤（酸、碱、盐、有机物引起的体内外灼伤）、物理灼伤（光、放射性物质引起的体内外灼伤）,不包括电灼伤和火灾引起的烧伤。

（8）火灾。

（9）高处坠落,指在高处作业中发生坠落造成的伤亡事故,不包括触电坠落事故。

（10）坍塌,指物体在外力或重力作用下,超过自身的强度极限或因结构稳定性破坏而造成的事故,如挖沟时的土石塌方、脚手架坍塌、堆置物倒塌等,不适用于矿山冒顶片帮和车辆、起重机械、爆破引起的坍塌。

（11）放炮,指爆破作业中发生的伤亡事故。

（12）火药爆炸,指火药、炸药及其制品在生产、加工、运输、储存中发生的爆炸事故。

（13）化学性爆炸,指可燃性气体、粉尘等与空气混合形成爆炸性混合物,接触引爆能源时,发生的爆炸事故（包括气体分解、喷雾爆炸）。

（14）物理性爆炸,包括锅炉爆炸、容器超压爆炸、轮胎爆炸等。

（15）中毒和窒息,包括中毒、缺氧窒息、中毒性窒息。

（16）其他伤害,指除上述以外的危险因素,如摔、扭、挫、擦、刺、割伤和非机动车碰撞、轧伤等（矿山、井下、坑道作业还有冒顶片帮、透水、瓦斯爆炸等危险因素）。

3.1.2　危险源辨识

1. 危险源辨识的内涵

危险源辨识就是识别危险源并确定其特性的过程,包括对危险源的识别,对其性质加以判断,对可能造成的危害、影响进行提前预防。

2. 危险源辨识的范围

危险源辨识的范围如下：

（1）常规和非常规活动。

（2）所有进入作业场所人员（包括合同方人员和访问者）的活动。

（3）人员的行为、能力及其他人为因素。

（4）来自工作场所外部会对工作场所内组织控制之下的人员造成不利于职业健康安全的危险源。

（5）来自工作场所周边、由组织控制下的与工作有关的活动产生的危险源。

（6）工作场所中的基础设施、设备和材料，无论是由组织还是其他单位提供的。

（7）组织的活动或材料的变化。

（8）职业健康安全管理体系的变更。

（9）任何与危险源辨识方法实施有关的适用法定义务。

（10）工作场所、过程、装置、机械设备、运行程序和工作组织的设计过程。

3.2　煤矿水灾害危险源辨识

3.2.1　煤矿水灾害危险源及其辨识方法

《煤矿安全规程》中的煤矿防治水标准，是辨识煤矿水灾害危险源的前提和基础。

煤矿水灾害危险源的辨识，主要是针对水灾害危险源系统中可能发生的各种突水事故进行统计分析，进而预先确认危险源系统运行过程中可能出现的各种危险情况，预先分析危险源系统发展情况及其危险实现形式。

煤矿危险源的辨识依照煤矿伤亡事故等级，可以划分为 4 类——Ⅰ类重大危险源、Ⅱ类重大危险源、Ⅲ类重大危险源和Ⅳ类重大危险源。其中，Ⅰ类重大危险源属于危害范围和危险程度大，消除危险源（或防范事故）的治理措施复杂、治理周期长的危险源；Ⅱ类重大危险源属于危害范围和危险程度较Ⅰ类重大危险源小，消除危险源（或防范事故）的治理措施较为复杂、治理周期较长的危险源；Ⅲ、Ⅳ类重大危险源属于危害范围和危险程度相对较小，消除危险源（或防范事故）的治理措施相对简单、治理周期相对较短的危险源。

一般来说，很难确认复杂煤矿水灾害致因系统的全部可能危险因素，因为煤矿水灾害致因系统危险源间的相互关系不明晰，只能根据突水发生后的状况，去探明危险源在爆发前的状况。根据各种突水发生的伤亡情况、次数、种类及经济损失等统计数据对系统中存在的危险源进行预测,如通过建立水灾害救援专家预测系统和定量预测模型等进行预测。

煤矿水灾害危险源是煤矿中的一类特殊致灾模式和危险能量的存在形式,这些致灾因素是非线性和动态的,各子危险源间存在模糊的、随机的及非线性的关系。

煤矿水灾害事故频发的原因很多,而煤矿水灾害的相关危险源长期得不到准确辨识是其中一个重要方面。

煤矿水灾害危险源辨识有多种方法,每种辨识方法均有各自的适用范围和优缺点,根据矿井的实际情况选择适当的辨识方法判断危险源尤为重要[113,114]。

常用的危险源辨识方法有危险性预先分析法(PHA)、因果分析法、安全检查表法(SCI)、作业条件危险性分析法、事故树分析法(FTA)、潜在问题分析法和事件树分析法(ETA)等,其优缺点比较见表 3.2。

表 3.2 危险源辨识方法优缺点比较

辨识方法名称	优点	缺点	适用范围
危险性预先分析法	简便,经济有效,能识别可能存在的风险	受资料丰富性限制	新系统、工艺、物料使用
因果分析法	可找到初始事件	不能分析出某项活动中的所有危险	一项活动
安全检查表法	简便、实用性	受编制人员的经验、知识等限制,易遗漏	熟知系统的工艺流程,有类似资料的新开发系统
作业条件危险性分析法	简单易操作,危险程度级别划分明晰	经验性、主观性强,适应性差	主要用于作业局部评价
事故树分析法	简明形象,可定性分析,分析深度大	步骤烦琐,计算复杂,现有数据资料难以保证定量分析的精确性	高度复杂性系统
潜在问题分析法	辨识范围广泛	单个危险源辨识较肤浅	熟知工艺系统分析流程
事件树分析法	清楚表示各阶段危险且能够进行定量分析	数据资料难以保证定量分析的精确性	设备、系统故障、人的失误行为、工艺异常现象

3.2.2 煤矿水灾害危险源辨识的影响因素

1. 危险源辨识者的素质

对危险源辨识结果影响较大的一个重要因素是辨识者的素质,主要包括辨识者自身的专业水平、各种危险源辨识实践经验和辨识者自身的安全意识等。

2. 生理心理异常

生理异常主要包括辨识者负荷超限、健康状况异常、从事禁忌作业。心理异常主要包括辨识者情绪异常、存在冒险心理、过度紧张及辨识功能缺陷等。

3. 检测设备的检测结果

危险源检测与预测技术集计算机技术、电子通信技术、气体动力学、机械设备、化学检测等新技术和设备于一体,是一项全面的系统工程。但由于每种设备仪器均有其自身的局限性[115],所以检测设备的检测结果是否符合实际也很重要。

4. 检测设备性能

煤矿井下检测设备持续长时间工作易使故障率增高,如不及时排除将直接影响到检测结果的准确性。

3.2.3　煤矿水灾害危险源辨识的范围

煤矿矿井的各个巷道及采掘工作面均存在不同的危险源,确定出危险源辨识范围将大大缩短辨识的工作时间[116]。

煤矿水灾害危险源辨识应覆盖的范围如下:

(1) 新建、扩建、改建生产设施及采用新工艺的预先危险源辨识。

(2) 在用设备或运行系统的危险源辨识。

(3) 退役、报废系统或有害废弃物的危险源辨识。

(4) 化学物质的危险源辨识。

(5) 矿井作业人员进入现场从事各种作业活动的危险源辨识。

(6) 外部提供资源、服务的危险源辨识。

(7) 煤矿外来人员进入作业现场的危险源辨识。

(8) 煤矿外来设备进入作业现场的危险源辨识。

3.2.4　煤矿水灾害危险源辨识的原则

采掘、生产辅助单位依据《煤矿安全规程》《技术操作规程》《作业规程》《安全生产法》等法律、法规和相关安全技术管理规定进行辨识。应考虑适用的法律、法规和其煤矿安全生产管理的有关规定。考虑时效性,辨识应限制在特定时间范围内。采用的方法应体现科学性、系统性、综合性和适用性。危险源辨识应在不同环境和不同背景下灵活进行。

具体而言,煤矿水灾害危险源辨识应遵循以下原则。

(1) 预防性原则。依据矿井职业活动开展的范围、性质和时间安排,有针对性地选取相应方法,以确保该方法能预先辨识危险源。

（2）分级原则。辨识通过职业健康安全目标及标准、管理方案加以控制的危险源,并确定其相应风险级别。

（3）一致性原则。依据矿井各项作业,科学选取相应的方法,以确保方法合理、有效辨识危险源。

（4）输出性原则。辨识方法的实施应能为人、物两大方面的控制提供输入信息,以及充分明确设备要求、人员培训需求与运行控制改进的需求。

（5）考虑心理性、生理性危害。例如,作业人员的体力、听力、视力负荷超限,健康状况异常,情绪异常,存在冒险心理,过度紧张等影响安全生产的各种因素。

（6）考虑行为性危害因素。例如,违章指挥、违章作业、监护失误等因素。

3.3　煤矿水灾害危险因素调查

3.3.1　煤矿水灾害危险因素调查的内容

煤矿水灾害危险因素调查是危险源辨识的基础,所以保证危险源辨识的系统性和准确性极为重要。煤矿危险源辨识过程中,危险源的辨识方法、辨识者的素质、检测设备的检测结果、检测设备的性能,以及危险源辨识的范围及原则均会影响辨识的准确性。

煤矿水灾害致因系统是一个复杂巨系统,仅靠列举调查较难系统辨识出危险源。

为简化危险源辨识工作并抓住关键要素,本书按照系统理论进行危险源辨识,将煤矿水灾害致因系统分为人的行为系统、管理系统、环境系统、设备设施系统、技术系统、法制监管系统 6 大系统危险辨识单元。同时在辨识过程中,对环境系统、设备设施系统应坚持“横向到底、不留死角”的原则,对顶板不稳定、突水危险区域等事故多发区系统进行重点辨识;对人的行为系统、管理系统、法制监管系统、技术系统的危险源调查和辨识则本着实事求是的原则,对诸要素进行系统分析,最终建立起煤矿水灾害致因系统的危险源辨识体系。

3.3.2　煤矿水灾害危险因素调查方法

煤矿水灾害危险源辨识方法主要有经验分析法和理论分析法两大类。

（1）经验分析法。在大量实践经验的基础上,运用工艺技术标准、安全操作规程、安全检查表、问卷调查法、安全技术标准、事故频次法、现场观察法等调查影响煤矿水灾害的因素并进行分析,做出致因因素的定性描述。

（2）理论分析法。运用安全系统工程理论与安全分析模型来分析危险源,可分为两大类：事故致因理论分析方法，包括事故因果连锁方法和事故频发倾向论方法；安全分析法，主要包括事故分析（对已发生的事故进行分析，从而找出引发事故的隐患，如因果分析法、事件树分析法、事故树分析法等）方法和安全分析模型法（根据建立的模型进行分析）。

上述几种危险辨识方法不仅在切入点和分析过程上各有特点，而且各有其适用范围和局限性。所以，在煤矿水灾害危险源辨识过程中，必须综合运用多种方法，单一使用一种分析方法不足以全面系统地辨识所存在的危险源。

3.4　煤矿水灾害危险源调查

据我国煤矿事故集统计[117]，自 1953 年以来，我国煤矿水灾事故类型主要有 12 种，见表 3.3。

采用经验分析法，综合运用现场问卷调查法、观察法、专家访问法、分析工艺技术标准和安全操作规程等来探究煤矿水灾事故发生的根本致因因素。通过分析和归纳得出，煤矿水灾害致因因素主要有两方面（主观因素和客观因素），共有 46 种致因因素[52]，见表 3.3。

表 3.3　煤矿水灾害事故类型

煤矿水灾事故类型（12 种）	主观因素（29 种）	客观因素（17 种）
钻孔突水及溃水	未告知相关作业人员	钻孔穿过含水层
煤仓溃煤水	防水密闭未做好水压观测	隔离煤柱受破坏
地表积水溃入回采工作面	疏水系统未清理好	断层导顶、底板含水层
掘进工作面突水	未筑拦水坝	隔离煤柱小
井筒溃水溃沙	拦水坝因质量问题遇洪水溃决	松散层含水丰富
水煤矸石溃出	探水孔口装置不合格	断层发育
注浆跑水冲埋	探放水工作未按规程进行	煤仓内大量进水
回采工作面透水	井口设计标高低于历史最高洪	顶板裂隙发育
掘进工作面透水	水位	陷落柱导通顶、底板含水层
回采工作面突水	安全措施未落实	给煤机吊架破坏
防水密闭失效透水	探水偏差	顶、底板含水层含水丰富
井口灌水	未进行启封孔检查	地表岩溶发育
	放煤水安全距离不够	老窑多且位置不清
	井筒施工质量有问题	防水煤柱受采动影响破坏
	未派专人查看	采空区有浮煤
	防水闸门失效	采空区积水或积水泥浆
	钻孔封闭不良	遇暴雨引发洪水
	回采防水煤柱	
	预计涌水量严重偏小	

煤矿水灾事故类型(12种)	主观因素(29种)	客观因素(17种)
	排水能力偏弱	
	水泵故障	
	防水密闭施工质量不高	
	开采井筒保护煤柱	
	停电或电压不足	
	无安全措施	
	越界开采	
	防水密闭设计不合理	
	防水煤柱设计不合理	
	未装孔口装置	
	缺乏防治水知识	

3.5　本 章 小 结

在引入危险源辨识理论和方法的基础上,阐述了危险源的内涵、构成及分类；分析了危险源辨识的内涵及范围,进而分析了煤矿水灾害危险源辨识方法、影响因素、范围及原则,还分析了煤矿水灾害危险因素调查和煤矿水灾害危险源调查,同时辨识出煤矿水灾害致因系统的危险源,为后续揭示煤矿水灾害事故发生的深层次机理、系统动力学建模和系统仿真奠定了基础。

第4章 煤矿水灾害致因机理分析

我国煤矿水灾害事故频繁,严重威胁着社会的安定、煤矿的正常生产和广大矿工的生命安全。灾害频发的一个重要原因是人们对煤矿水灾害的致因机理缺乏系统认识,导致煤矿水灾害事故发生的危险源得不到有效辨识,进而导致不能采取科学合理、快捷高效的预防措施。因此,必须深入研究和分析煤矿水灾害致因机理及各影响因子间的关系,构建煤矿水灾害致因机理体系,这也是后续系统动力学建模和仿真研究的基础。

4.1 煤矿水灾害致因机理体系构建

煤矿水灾害致因机理系统是一个复杂的巨系统,其内部各种致因因素共同作用导致煤矿水灾害的发生。同时,煤矿水灾害各影响因素间呈非线性、动态特征,且存在着复杂的因果关系。因此,构建煤矿水灾害的致因机理体系首先需明确煤矿水灾害致因系统的各种影响因子及各因子间的因果联系,得出各种煤矿水灾害事故类型,以因果分析理论和方法为基础,进一步对煤矿水灾害危险源进行辨识,剖析事故致因机理,建立煤矿水灾害致因机理体系[118]。

为简化危险源辨识工作,可根据系统理论将煤矿水灾害致因系统分为 6 大危险辨识系统[119]:人的行为系统、安全管理系统、环境系统、设备设施系统、技术系统、法制监管系统。

煤矿水灾害致因系统总体结构如图 4.1 所示。

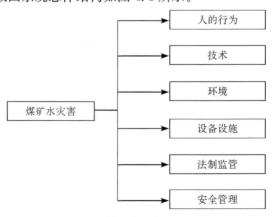

图 4.1 煤矿水灾害致因系统

煤矿水灾害致因机制体系中的 6 大子系统,是对煤矿水灾害影响因素的总体分类,又各自包含着众多子因素,它们共同构成了煤矿水灾害致因机理体系。有鉴于各子系统和子因素间存在的内在复杂因果关系,煤矿水灾害事故呈现复杂和非线性特征,因此需借助方法进行分析,为煤矿水灾害预警并救援做出决策。

参考国内外专家对煤矿水灾害危险源理论的研究成果,应用因果分析法的理论和方法可建立煤矿水灾害致因机理图。它以煤矿水灾害致因系统的 6 大子系统为基础,系统分析了导致煤矿水灾害的众多因素及其相关关系,该图不仅为后续系统动力学分析煤矿系统灾害安全状况奠定了基础,还为煤矿安全检查工作及决策工作提供了总体指导。

4.2 煤矿水灾害致因机理系统分析

4.2.1 系统动力学理论概述

基于系统动力学的煤矿水灾害致因机理仿真建模是一种以系统动力学为基本理论的仿真建模方法。

1. 系统动力学的内涵

1) 系统的概念

系统动力学定义系统为:为实现一定目标,将相互联系、相互作用的各个单元有机地联结在一起的具有某种功能的集合体[120]。

系统动力学认为系统由单元、单元的运动和信息构成。单元和信息都在系统中起着关键的作用,单元是作为系统存在的现实基础,而信息在系统中发挥着不可替代的作用。系统是结构与功能的统一体,系统单元只有依赖信息才能形成结构,单元运动才会形成系统统一的行为与功能,即单元和信息是系统中必备的两部分。系统的一般特性如下:

(1) 整体性。系统是由系统各部分组成的,整体性是系统最基本的特性之一,但系统整体不是简单地等于其各部分之和。一般而言,系统整体大于部分之和,然而一个失去组织的系统其整体也可能小于各部分之和。

(2) 关联性。系统整体与部分、部分与部分、系统与环境之间相互关联。系统动力学采用反馈因果关系代替以往的单向因果关系,是对系统关联性的进一步认识。

(3) 层级性。系统动力学强调系统中各子系统之间的相互联系、相互影响,同时,各子系统之间相对独立,即系统结构具有层次性与等级性。系统结构的层次性、等级性决定了系统功能的层级性。

（4）类似性。不同类型的系统在结构和功能上具有雷同性，因此可以用类似的规律和行为模式对不同领域的事物和现象进行描述，即便是属于截然不同的两类事物。系统的类似性决定了不同的系统之间也存在着相同的研究模式与方法[121]。

2）复杂系统的特性

系统动力学主要用于研究与处理具有高阶次、非线性和多回路特点的复杂系统，其对复杂系统特性的思考主要体现在以下几个方面[122]：

（1）反直观性。一切复杂系统均表现出反直观的特性。在人们的日常生活思维过程中，几乎都只涉及一阶负反馈系统，人们了解事物的因果关系总是紧密地与时空相关。然而，在复杂系统中，这种简单的因果关系不复存在，原因与结果的联系在时空上往往是分离的，因而较简单系统复杂得多。

（2）对变动参数的不敏感性。由于非线性的存在，即便是将复杂反馈系统模型的大多数参数加以变动，甚至使部分参数变动数倍，其模型模式也可能没有太大的变化。

（3）长短期效果的矛盾性。非线性的作用，使得变更复杂系统内部结构与参数所引起的短期与长期的影响往往彼此相反。系统动力学在处理复杂系统的长短期效果的矛盾方面，有着其他方法无法比拟的优越性。

3）系统动力学及其特点

系统动力学（system dynamics）是经济数学的一个分支，是分析研究有关复杂信息反馈系统动态趋势的学科，以控制论、控制工程、系统工程、信息处理和计算机仿真技术为基础，从整体出发寻求改善系统行为的机会和路径，从系统的微观结构入手建模构造系统的基本架构，进而模拟分析系统的动态关系以便寻求较优的系统结构和功能[123]。

简而言之，系统动力学是研究社会系统动态行为的计算机仿真方法，与其他分析工具相比其特点如下：

（1）把研究对象划分为若干子系统，并建立各子系统之间的因果关系网络，立足于整体及整体间的关系研究，同时强调大系统中各子系统的协调，因而适应于复杂大系统的综合研究。

（2）研究方法是建立计算机仿真模型-流图和构造方程式进行计算机仿真模拟以验证模型的有效性。模型由一阶微分方程组成，将这些方程组的表函数或延迟函数加之控制论中的反馈回路用于研究处理社会、经济、生态和生物等高度非线性、高阶数、多回路的信息反馈系统。通过对系统设定各种控制因素，观测系统在不同组织状态、不同参数、不同政策因素输入时表现出的行为和趋势，对系统进行动态仿真实验。

（3）能够直观、形象地处理问题，人机对话功能强，能充分发挥人的主观能动性。

系统动力学的不足之处主要体现在其模型是建立在非线性动力学理论上的，其中部分参数确定主观性较强，应用者易从自身需要出发，人为选择或臆造一些参数，从而影响结果的准确性。

2. 系统动力学建模的基本步骤

系统动力学建模的基本步骤遵循由简到繁、由浅入深、由部分到整体的原则，具体有 5 大步骤，如图 4.2 所示。

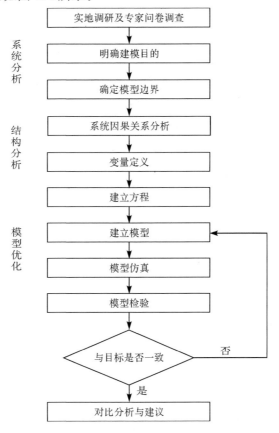

图 4.2　系统动力学建模步骤

（1）系统分析。建模的目的在于研究系统内部各部分之间存在的矛盾、相互制约与作用、产生的结果与影响等问题，并寻求解决问题的路径。因此，在建立模型之前首先要设定一个简明的目标，明确解决的问题、所涉及的范围、研究深度等问题。

（2）结构分析。结构分析主要通过处理系统内部信息及分析系统内反馈机制达到分析系统整体与局部的内在联系间的反馈关系的目的，并划分系统的层次与子结构,分析变量间关系、回路间反馈耦合关系,初步估计系统主导回路与结构及其性质,同时分析主回路动态转移的可能性。

（3）建立方程。建立系统动力学模型,确定全部变量方程。变量方程的建立要进行实证分析,同时与其他统计模型(如回归模型、评价排序模型、预测模型等)结合完成。

（4）模型优化。以系统动力学理论为指导,初步构建仿真模型,并剖析系统,寻找解决问题的决策,修改与完善模型。

（5）仿真分析。根据研究问题需要设立不同的参数,通过调控变量对模型进行仿真。

4.2.2　煤矿水灾害致因机理分析原理

基于系统动力学的煤矿水灾害致因系统的仿真模型[124],主要应用系统工程的理论和方法对影响煤矿水灾害致因系统的各种因子进行分析。首先定性分析各影响因子,建立因果关系图;然后运用系统动力学仿真软件并结合实际进行系统建模并仿真运行,参考仿真结果定量描述和预测煤矿水灾害安全状况。

煤矿水灾害致因系统作为一个复杂的巨系统,在时间和空间上均呈模糊性、随机性和动态性等特点,该系统涉及因素众多,且各个子系统之间、各个因素之间关系错综复杂,这就导致煤矿水灾害中的许多问题均表现出强非线性关系,从而导致较难定义各因素间的数量关系和作用机制。

鉴于以上原因,针对本书中涉及的煤矿水灾害致因系统建模问题,可从简单的一阶系统入手研究整个系统的结构和行为特性。

根据以往学者的研究成果,本书应用系统动力学理论分析煤矿水灾害致因机理[125],具体步骤如下:

（1）确定建模问题。

（2）确定系统边界及构成系统的要素。

（3）确定因果关系图及定义变量。

（4）建立系统动力学流图模型及方程。

4.2.3　煤矿水灾害致因系统动力学模型构建

1. 煤矿水灾害致因系统要素确定

1）确定建模问题

确定建模问题即确定煤矿水灾害致因系统各影响因素如何影响安全状况及各影响要素间的关系。

2) 确定系统边界及构成系统的要素

根据 4.1 的分析可以将提取的煤矿安全影响因素分为 6 大类——人的行为、安全管理、环境状况、装备设施、技术水平、法制监管因素[126]。煤矿水灾害安全系统的边界和要素如图 4.3 所示。

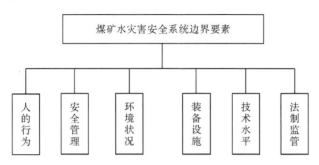

图 4.3　煤矿水灾害安全系统的边界和要素

2. 煤矿水灾害致因系统因果关系

由图 4.3 可以看出,煤矿水灾害致因系统的安全状况同时受到法制监管水平、技术水平、人的行为水平、环境水平、设备设施水平、安全管理水平的综合作用的影响,各个因素的安全水平提高将使煤矿水灾害安全水平得到整体提高,同时各个因素之间又彼此影响,存在复杂的因果关系,共同决定了煤矿水灾害致因系统的安全水平。绘制煤矿水灾害致因系统的因果关系图是分析和理解系统结构和功能的有效途径,同时为系统流图的构建奠定了基础。煤矿水灾害致因系统的因果关系如图 4.4 所示。

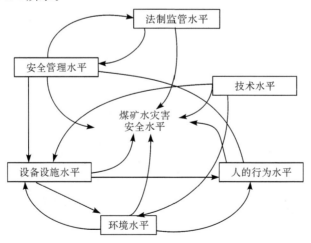

图 4.4　煤矿水灾害致因系统的因果关系

3. 煤矿水灾害致因系统的变量定义

根据图 4.4 煤矿水灾害因果关系图的结构,考虑到系统动力学方程建立的合理性,根据系统动力学理论,可以定义煤矿水灾害致因系统的诸变量,即定义如下模型变量:水平变量(L_1,L_2,L_3,L_4,L_5,L_6)、速率变量(R_1,R_2,R_3,R_4,R_5,R_6)、辅助变量(AQSP)和常量(C_1,C_2,C_3,C_4,C_5,C_6,C_7,C_8,C_9,C_{10};I_1,I_2,I_3,I_4,I_5,I_6;P_1,P_2,P_3,P_4,P_5,P_6),模型变量见表 4.1。

表 4.1　模型变量

符号	变量	名称	含义
	水平变量	L_1	法制监管水平
		L_2	技术水平
		L_3	人的行为水平
		L_4	环境水平
		L_5	设备设施水平
		L_6	安全管理水平
	速率变量	R_1	法制监管水平增量
		R_2	技术水平增量
		R_3	人的行为水平增量
		R_4	环境水平增量
		R_5	设备设施水平增量
		R_6	安全管理水平增量
	辅助变量	AQSP	煤矿水灾害安全水平
	常量	C_1	安全管理对法制监管的影响系数
		C_2	安全管理对人的行为的影响系数
		C_3	环境对人的行为的影响系数
		C_4	技术对环境的影响系数
		C_5	设备设施对环境的影响系数
		C_6	人的行为对设备设施的影响系数
		C_7	技术对设备设施的影响系数
		C_8	环境对设备设施的影响系数
		C_9	安全管理对设备设施的影响系数
		C_{10}	法制监管对安全管理的影响系数
		I_1	法制监管水平增加率

续表

符号	变量	名称	含义
		I_2	技术水平增加率
		I_3	人的行为水平增加率
		I_4	环境水平增加率
		I_5	设备设施水平增加率
		I_6	安全管理水平增加率
	常量	P_1	法制对煤矿水灾害安全的权重
		P_2	技术对煤矿水灾害安全的权重
		P_3	人的行为对煤矿水灾害安全的权重
		P_4	环境对煤矿水灾害安全的权重
		P_5	设备设施对煤矿水灾害安全的权重
		P_6	安全管理对煤矿水灾害安全的权重

4. 煤矿水灾害致因系统的动力学流图及方程构建

要反映系统真实状况必须对系统进行定量分析,而因果关系图只是对系统的定性分析,所以,应利用流图与构造方程式建立系统动力学模型进行定量分析[127]。

根据以上建立的煤矿水灾害致因系统及因果关系图和定义的诸变量,建立煤矿水灾害致因系统的动力学流图(图 4.5),该流图由 6 个状态变量、6 个速率变量、1 个辅助变量及 22 个常量构成。

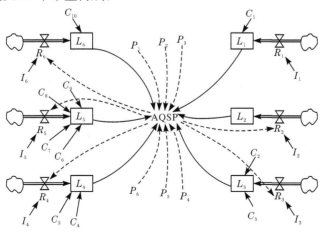

图 4.5　煤矿水灾害致因系统的动力学流图

　　由于煤矿水灾害致因系统是一个高阶非线性复杂系统,各个变量之间既有定性也有定量关系,有些变量之间的关系确定,而有些变量之间的关系则与概率相关。因此,针对变量之间关系的不确定性,要准确描述变量之间的数量关系,较难建立系统动力学方程,只能明晰变量间的相对准确的关系,运用如回归分析、技术经济分析、统计分析等技术手段得到变量间一般的近似关系。

　　根据流图和定义的模型诸变量,考虑方程的可操作性,可建立如下模型方程。

　　1) 状态方程

$$L \qquad L_1.K = (L_1.J + R_1 \times DT) \times C_1$$
$$L \qquad L_2.K = (L_2.J + R_2 \times DT)$$
$$L \qquad L_3.K = (L_3.J + R_3 \times DT) \times C_1 \times C_3$$
$$L \qquad L_4.K = (L_4.J + R_4 \times DT) \times C_4 \times C_5$$
$$L \qquad L_5.K = (L_5.J + R_5 \times DT) \times C_6 \times C_7 \times C_8 \times C_9$$
$$L \qquad L_6.K = (L_6.J + R_6 \times DT) \times C_{10}$$

　　2) 速率方程

$$R \qquad R_1.KL = I_1 \times X_1(AQSP).K$$
$$R \qquad R_2.KL = I_2 \times X_2(AQSP).K$$
$$R \qquad R_3.KL = I_3 \times X_3(AQSP).K$$
$$R \qquad R_4.KL = I_4 \times X_4(AQSP).K$$
$$R \qquad R_5.KL = I_5 \times X_5(AQSP).K$$
$$R \qquad R_6.KL = I_6 \times X_6(AQSP).K$$

式中,$X_i(AQSP)$分别代表I_i与AQSP之间的函数关系式。

　　3) 辅助方程

$$A \qquad AQSP.K = P_1 \times L_1.K + P_2 \times L_2.K + P_3 \times L_3.K + P_4 \times L_4.K$$
$$+ P_5 \times L_5.K + P_6 \times L_6.K$$

式中,J为前时刻;K为现在时刻;L为下一时刻;KL为K时刻到J时刻的间隔;DT为差分步长。

　　综上所述,系统动力学能充分考虑煤矿水灾害致因系统的特性,系统动力学的思想和方法可以把整个煤矿水灾害致因系统分为若干个子系统,并确定其系统边界,找出系统内部诸要素间和各子系统间的复杂因果联系,探索煤矿水灾害致因系统的行为特性与安全状况的动态关系,为煤矿水灾害致因系统的动力学模型的模拟仿真奠定基础[128]。

　　在计算机仿真模拟并验证模型有效性之后,可以多次改变系统变量值进行多次仿真模拟,通过比较分析,探求解决煤矿水灾害安全管理问题的有效方法[129]。

4.2.4　煤矿水灾害致因系统的灵敏度分析

置信度测试的主要任务是对模型的参考行为模式及行为与历史实践经验做一致性和非一致性的比较。模型的置信度测试分行为测试和结构测试两种类型，一般来说，要根据所研究问题的目的来确定模型所要进行置信度测试的类型。

本书针对煤矿水灾害致因系统的安全管理问题，结合研究目的，选用结构测试方式对模型中的相关参数进行灵敏度分析。

灵敏度分析是指通过不断改变系统的参数、状态、结构和政策，运用仿真模型，比较该模型的输出，最终确定这些变化的影响。一般情况下，系统动力学研究的问题十分复杂，系统参数对系统的影响程度决定了该系统仿真实验的合理性及准确性，因此，需要通过灵敏度分析来确定系统参数对系统的影响。

灵敏度公式为

$$S=\frac{|[J(p+\Delta p)-J(p)]/J(p)|}{|\Delta p/p|} \tag{4.1}$$

式中，S 为灵敏度；J 为参数的目标函数值；p 为参数，Δp 为参数变化量。

灵敏度分析过程中，只需对系统动力学模型中一些关键参数进行灵敏度分析，无须对所有参数进行灵敏度分析。

本书研究中，模型可选择煤矿水灾害系统中的几个关键影响因素的增加率作为关键参数[130]。

通过对煤矿水灾害系统中的几个关键影响因素增加率的灵敏度分析，可得到灵敏度分析表，从灵敏度分析表中可以看出模型对各个参数变化的最大的灵敏度值，如果灵敏度值各不相同，则说明各个参数的调整对系统动态的影响呈现出一定的不均衡性和不敏感性[131]。

经过验证和分析，说明所建立的煤矿水灾害致因系统的动力学模型是否可以真实有效地描述出现实系统的情况，是否可以进行煤矿水灾害致因系统的模拟仿真及中长期政策分析。同时，为了提高安全管理决策的有效性和可靠性，在系统安全管理决策过程中，可以根据系统的实际情况不断对模型进行反馈和修正，使模型更加符合现实系统的运行状况和机制。

4.3　煤矿水灾害致因系统仿真

煤矿水灾害致因系统安全评价的动力学仿真是指采用系统动力学理论和方法，构建煤矿水灾害致因系统影响因子的系统动力学流图，对煤矿水灾害致因系统的安全水平进行仿真，研究系统安全状况的发展趋势以探究各影响因子对系统安全水平的影响情况，仿真并计算子系统中各因子的实际作用程度，分析系统在多种情况下的长期安全状况,为煤矿安全管理决策提供参考[132]。

4.3.1 数据收集及整理

1. 影响因子权重确定

基于第 3 章构建的煤矿水灾害致因系统模型,以 D 煤矿为例进行定量分析,收集该煤矿相关水灾害事故情况的数据并对其进行统计分析,确定各因素的权重,为后续模拟仿真的运行奠定基础。

(1)搜集 D 煤矿近 15 年的数据,并根据图 4.1 中煤矿水灾害致因机制图把历年煤矿水灾害的发生原因进行归类,经过统计可以得到表中人因事故概率、物因事故概率、环因事故概率、管因事故概率,见表 4.2。

表 4.2　D 煤矿历年事故统计

年份	物因事故概率	人因事故概率	环因事故概率	管因事故概率
1996	0.35	0.22	0.20	0.23
1997	0.20	0.55	0	0.25
1998	0.18	0.44	0.28	0.10
1999	0.32	0.32	0.13	0.23
2000	0.21	0.33	0.25	0.22
2001	0.36	0.24	0	0.40
2002	0.30	0.36	0.14	0.20
2003	0.18	0.14	0.34	0.32
2004	0.24	0.33	0.16	0.26
2005	0.35	0.40	0.10	0.15
2006	0.29	0.47	0	0.24
2007	0.22	0.51	0.17	0.10
2008	0.24	0.20	0.18	0.38
2009	0.17	0.42	0	0.41
2010	0.10	0.21	0.36	0.33
平均值	0.25	0.34	0.15	0.26

(2)把(1)中的诸因素细化,并同时考虑技术和政策因素的影响,采用模糊综合评价法,参考相关专家意见,可以得到煤矿水灾害致因系统的六种影响因素的权重,即 $P_1 = 0.11$,$P_2 = 0.15$,$P_3 = 0.23$,$P_4 = 0.1$,$P_5 = 0.15$,$P_6 = 0.28$。

P_1 为法制对煤矿水灾害安全的权重;P_2 为技术对煤矿水灾害安全的权重;P_3 为人的行为对煤矿水灾害安全的权重;P_4 为环境对煤矿水灾害安全的权重;P_5 为

设备设施对煤矿水灾害安全的权重;P_6 为安全管理对煤矿水灾害安全的权重。

采用模糊综合评价法评价各影响因素的权重可以得到较为科学的评价数据,同时为后续的仿真模拟提供数据支持。

2. 因素水平增加量关系式

收集该煤矿 2010 年 1~12 月关于煤矿水灾害致因系统总体和各因素的安全评价情况和数据并进行统计分析,确定各因素水平增加量的关系式,为后续模拟仿真奠定基础。

通过表 4.3 统计的结果可以计算出各月各因素的水平增加率,见表 4.4。

表 4.3　D 煤矿 2010 年 1~12 月各影响因素安全水平

月份	法制	技术	人	环境	设备	管理	总体
1	66.49	68.18	58.32	55.62	63.70	67.29	66.71
2	66.37	68.88	58.91	56.19	64.35	67.97	67.13
3	66.45	69.58	59.51	56.76	65.00	68.67	67.72
4	67.00	70.28	60.11	57.34	65.66	69.36	68.38
5	67.56	70.99	60.71	57.91	66.32	70.05	69.20
6	67.86	71.70	61.32	58.49	66.98	70.75	69.63
7	68.30	72.41	61.93	59.07	67.64	71.45	70.17
8	69.75	73.12	62.54	59.65	68.31	72.16	71.15
9	70.11	73.83	63.15	60.23	68.98	72.86	71.68
10	70.59	74.55	63.76	60.82	69.65	73.57	72.27
11	72.00	75.27	64.38	61.41	70.32	74.28	72.51
12	73.60	76.00	65.00	62.00	71.00	75.00	73.00

表 4.4　2010 年 1~12 月各因素水平增加率

月份	法制	技术	人	环境	设备	管理
1	0.01026	0.01026	0.01026	0.01026	0.01026	0.01026
2	0.01022	0.01022	0.01022	0.01022	0.01022	0.01022
3	0.01016	0.01016	0.01016	0.01016	0.01016	0.01016
4	0.01010	0.01010	0.01010	0.01010	0.01010	0.01010
5	0.01001	0.01001	0.01001	0.01001	0.01001	0.01001
6	0.00997	0.00997	0.00997	0.00997	0.00997	0.00997
7	0.00993	0.00993	0.00993	0.00993	0.00993	0.00993
8	0.00982	0.00982	0.00982	0.00982	0.00982	0.00982

续表

月份	法制	技术	人	环境	设备	管理
9	0.00977	0.00977	0.00977	0.00977	0.00977	0.00977
10	0.00974	0.00974	0.00974	0.00974	0.00974	0.00974
11	0.00969	0.00969	0.00969	0.00969	0.00969	0.00969
12	0.00964	0.00964	0.00964	0.00964	0.00964	0.00964

首先，以法制因素水平增加率（R_1）和总体安全水平（AQSP）为例，探求 R_1 和 AQSP 之间的函数关系式。

把表 4.3 和表 4.4 中系统总体安全水平和法制因素水平增加率的数值输入统计学软件 Eviews，可绘出法制因素水平增加率（R_1）和总体安全水平（AQSP）的关系图（图 4.5），并可以分析出 R_1 和 AQSP 的数量关系（图 4.6）。

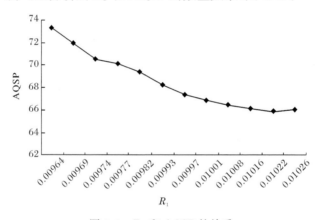

图 4.6　R_1 和 AQSP 的关系

由图 4.6 和图 4.7 可以看出，R_1 和 AQSP 大致符合指数分布。经过分析发现，可以采用指数方程作为预测 R_1 和 AQSP 间关系的方程。使用统计学软件 Eviews 分析，可得到 R_1 和 AQSP 的关系如下：

$$R_1 = C_1 \times \exp(-AQSP/100) \tag{4.2}$$

软件检验结果表明该方程式大致符合实际情况，如图 4.7 所示。

同理，根据表 4.3 和表 4.4 可以分别预测出 R_2, R_3, R_4, R_5, R_6 和 AQSP 之间的关系方程，且均符合指数分布。

预测结果如下：

$$R_2 = C_2 \times \exp(-AQSP/100) \tag{4.3}$$

$$R_3 = C_3 \times \exp(-AQSP/100) \tag{4.4}$$

$$R_4 = C_4 \times \exp(-AQSP/100) \tag{4.5}$$

```
Dependent Variable: R1
Method: Least Squares
Date: 02/25/11   Time: 22:15
Sample: 1 12
Included observations: 12
```

Variable	Coefficient	Std. Error	t-Statistic	Prob.
C	-18.98526	4.798908	-3.956163	0.0033
S	22.63791	5.679734	3.985734	0.0032
T	-11.06892	2.825540	-3.917453	0.0035
R-squared	0.900304	Mean dependent var		0.007213
Adjusted R-squared	0.878150	S.D. dependent var		0.004880
S.E. of regression	0.001703	Akaike info criterion		-9.700147
Sum squared resid	2.61E-05	Schwarz criterion		-9.578921
Log likelihood	61.20088	F-statistic		40.63730
Durbin-Watson stat	1.289132	Prob(F-statistic)		0.000031

图 4.7　R_1 和 AQSP 关系软件分析结果

$$R_5 = C_5 \times \exp(-\text{AQSP}/100) \tag{4.6}$$
$$R_6 = C_6 \times \exp(-\text{AQSP}/100) \tag{4.7}$$

4.3.2　系统方程建立

通过分析煤矿水灾害致因系统因果关系和变量定义,建立煤矿水灾害致因系统的动力学流图,如图 4.8 所示。

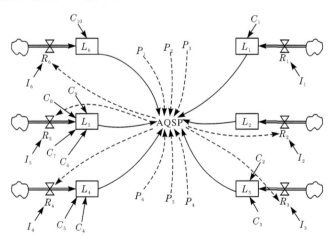

图 4.8　煤矿水灾害致因系统的动力学流图

根据流图建立系统相关模型方程。

1) 状态方程

$$L \qquad L_1.K = (L_1.J + R_1 \times \text{DT}) \times C_1 \tag{4.8}$$

$$L \qquad L_2. K = (L_2. J + R_2 \times \mathrm{DT}) \qquad\qquad (4.9)$$

$$L \qquad L_3. K = (L_3. J + R_3 \times \mathrm{DT}) \times C_2 \times C_3 \qquad (4.10)$$

$$L \qquad L_4. K = (L_4. J + R_4 \times \mathrm{DT}) \times C_4 \times C_5 \qquad (4.11)$$

$$L \qquad L_5. K = (L_5. J + R_5 \times \mathrm{DT}) \times C_6 \times C_7 \times C_8 \times C_9 \qquad (4.12)$$

$$L \qquad L_6. K = (L_6. J + R_6 \times \mathrm{DT}) \times C_{10} \qquad (4.13)$$

2) 速率方程

$$R \qquad R_1. \mathrm{KL} = I_1 \times X_1 (\mathrm{AQSP}). K \qquad (4.14)$$

$$R \qquad R_2. \mathrm{KL} = I_2 \times X_2 (\mathrm{AQSP}). K \qquad (4.15)$$

$$R \qquad R_3. \mathrm{KL} = I_3 \times X_3 (\mathrm{AQSP}). K \qquad (4.16)$$

$$R \qquad R_4. \mathrm{KL} = I_4 \times X_4 (\mathrm{AQSP}). K \qquad (4.17)$$

$$R \qquad R_5. \mathrm{KL} = I_5 \times X_5 (\mathrm{AQSP}). K \qquad (4.18)$$

$$R \qquad R_6. \mathrm{KL} = I_6 \times X_6 (\mathrm{AQSP}). K \qquad (4.19)$$

3) 辅助方程

$$A \qquad \mathrm{AQSP}. K = P_1 \times L_1. K + P_2 \times L_2. K + P_3 \times L_3. K + P_4 \times L_4. K$$
$$+ P_5 \times L_5. K + P_6 \times L_6. K \qquad (4.20)$$

4) 常数

$$C \qquad I_1 = I_2 = I_3 = I_4 = I_5 = I_6 = 0.02$$

$$C \qquad C_1 = 1.08$$

$$C_2 = 1.16$$

$$C_3 = 1.1$$

$$C_4 = 1.08$$

$$C_5 = 1.05$$

$$C_6 = 1.1$$

$$C_7 = 1.04$$

$$C_8 = 1.04$$

$$C_9 = 1.07$$

$$C_{10} = 1.12$$

$$P \qquad P_1 = 0.11$$

$$P_2 = 0.15$$

$$P_3 = 0.23$$

$$P_4 = 0.1$$

$$P_5 = 0.15$$

$$P_6 = 0.28$$

5) 初值方程

$$N \quad L_1 = 74$$
$$L_2 = 76$$
$$L_3 = 65$$
$$L_4 = 62$$
$$L_5 = 71$$
$$L_6 = 75$$

步长:DT=1月。

时间为 36 个月。

相关说明:在煤矿水灾害致因系统的动力学模型中,系统各参数的设定是在参考国内外学者研究成果的基础上,基于 D 煤矿的实际调研数据的统计分析,依据 D 煤矿的实际情况综合评价得出。

(1) 选取实证煤矿 15 年内关于煤矿安全及煤矿水灾害的历史数据,见表 4.2。

采用模糊综合评价法,并参考煤矿水灾害相关专家意见得出煤矿水灾害各影响因素对系统安全水平的相对权重:

$$P_1 = 0.11, \quad P_2 = 0.15, \quad P_3 = 0.23, \quad P_4 = 0.1, \quad P_5 = 0.15, \quad P_6 = 0.28$$

(2) 确定系统动力学模型中各状态变量的初始值和各影响因素间的影响系数时,根据该煤矿安全数据,选择 2011 年 1 月各因素安全评价结果作为系统的初始值:

$$L_1 = 74, \quad L_2 = 76, \quad L_3 = 65, \quad L_4 = 62, \quad L_5 = 71, \quad L_6 = 75$$

通过模糊综合评价法,可以得出各因素间的影响系数:

$$C_1 = 1.08, \quad C_2 = 1.16, \quad C_3 = 1.1, \quad C_4 = 1.08, \quad C_5 = 1.05$$
$$C_6 = 1.1, \quad C_7 = 1.04, \quad C_8 = 1.04, \quad C_9 = 1.07, \quad C_{10} = 1.12$$

(3) 根据表 4.4 中的数据,经过统计分析,可以计算出系统中的每个因素的增加率大致为 0.02,因此设定系统中的每个因素的增加率为 0.02。

$$I_1 = I_2 = I_3 = I_4 = I_5 = I_6 = 0.02$$

(4) 依据该煤矿 2010 年 1~12 月的数据,计算出 2010 年 1~12 月各因素水平增加率,见表 4.4。

Eviews 统计软件分析,可以预测出 $R_1, R_2, R_3, R_4, R_5, R_6$ 和 AQSP 之间的关系大致都符合指数分布,同时考虑煤矿安全的实际情况,设定各因素的水平增加量为 $I_i \times \exp(-\text{AQSP}/100)(i=1,2,\cdots,6)$,能够保证系统安全管理水平的动态发展趋势符合煤矿水灾害致因系统安全的实际情况。

(5) 由于煤矿水灾害的危害巨大,所以要使其安全水平处在较高状态,假定煤矿水灾害致因系统期望安全水平为 95。

4.3.3 煤矿水灾害致因系统动力学仿真

本书利用系统动力学仿真软件 Vensim 建立煤矿水灾害安全系统的系统动力学模型流图,并定义相关参数,通过计算机进行动态仿真,仿真时间设定为 36 个月。

1. 煤矿水灾害致因系统的模拟仿真

1) 各影响因子的水平及其发展趋势

在各影响因素的增加率均为 0.02 和 0.04 的情况下,分别对图 4.6 中模型进行仿真模拟,得出煤矿水灾害安全水平趋势图及各影响因素水平的发展趋势图,如图 4.9 和图 4.10 所示。

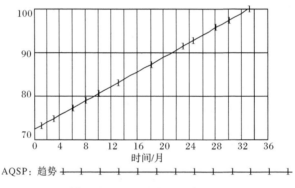

图 4.9 煤矿水灾害安全水平趋势图($I_i = 0.02$)

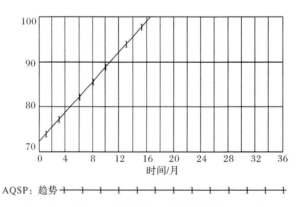

图 4.10 煤矿水灾害安全水平趋势图($I_i = 0.04$)

在设定的初始条件下,实证煤矿的水灾害安全水平在 27 个月达到目标值 95,同时,也可以观测到系统中各影响因素水平的发展趋势。

2) 各影响因素水平的增加率对煤矿水灾害安全水平的影响

在对图 4.7 中 SD 模型进行 6 次仿真模拟后,可得出不同方案的 AQSP 图,并把 6 次不同的仿真趋势图表示在同一张图上,如图 4.11 所示。

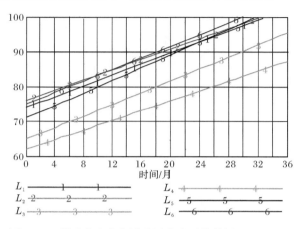

图 4.11　煤矿水灾害各影响因素水平趋势图($I_i = 0.02$)

第一次仿真把法制监管水平增加率(I_1)调制为 0.04,其他参数不变,运行 SD 软件,得出趋势图 LAW,如图 4.12 所示;第二次~第六次仿真依次调整技术水平增加率(I_2)、人的行为水平增加率(I_3)、环境水平增加率(I_4)、设备设施水平增加率(I_5)、安全管理水平增加率(I_6)为 0.04 得出趋势图,如图 4.13 所示。

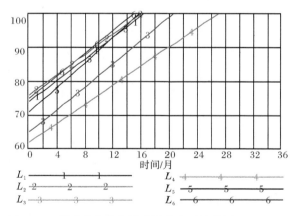

图 4.12　煤矿水灾害各影响因素水平趋势图($I_i = 0.04$)

3) 求出各影响因子的实际作用率

依据图 4.9、图 4.13 及仿真所得数据,以图 4.9 的趋势为基准,先求煤矿水灾害安全水平的平均值为 83.07。

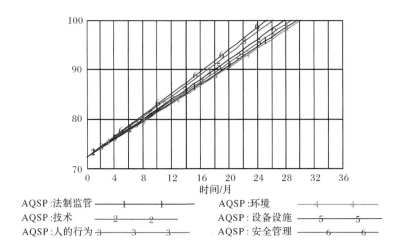

图 4.13　各因素增加率对煤矿水灾害安全水平的影响趋势图(I＝0.04)

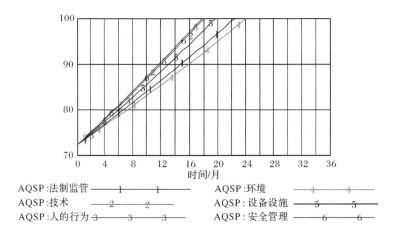

图 4.14　各因素增加率对煤矿水灾害安全水平的影响趋势图(I＝0.08)

　　将图 4.11 中法制监管的每个月水平值减去趋势对应的每个月水平值,取平均值得 1.79,再与趋势的水平平均值 83.07 比,比值为 0.010188,即表示法制监管对煤矿水灾害安全水平的实际作用率,其含义是指其他影响因素不变的条件下,法制监管水平增加率增加 0.02,可以使煤矿水灾害安全水平每个月平均增加 1.02%。

　　同理,可以得出其他因子的实际作用率。法制监管、技术、人的行为、环境、设备设施、安全管理各因素的实际作用率分别为 0.010188、0.012948、0.022828、0.00826、0.01631、0.027092。依据图 4.10 和图 4.11,同理可以求出在 I_i＝

0.04 条件下各影响因子的实际作用率。

2. 煤矿水灾害致因系统仿真结果分析

在本书的研究中通过参考调研数据和专家意见,选择影响煤矿水灾害的关键因素构造煤矿水灾害致因系统系统动力学模型,应用 Vensim 软件动态模拟各关键因素水平及其增加率对煤矿水灾害致因系统安全水平的影响,期望安全水平设为 95。

(1) 从图 4.9 和图 4.10 可以看出,各因素安全水平及煤矿水灾害致因系统的安全水平要达到期望安全水平是个长期的过程。图 4.9 中煤矿水灾害致因系统的安全水平达到期望安全水平需 27 个月;图 4.10 中煤矿水灾害致因系统的安全水平达到期望安全水平需 14 个月。

(2) 从图 4.11 和图 4.12 可以看出,人的行为水平和环境水平的提高需要时间更长。图 4.11 的仿真结果显示人的行为水平需要两年半才能达到预期水平,环境的安全水平需要 3 年半才能达到预期水平;图 4.12 的仿真结果显示人的行为水平需要 18 个月才能达到预期水平,环境的安全水平需要近 24 个半月才能达到预期水平。

(3) 从图 4.13 和图 4.14 可以看出,各因素对煤矿水灾害安全水平的影响程度存在明显差异。其中"预警管理"的作用效率最大,其次是"人的行为",其他因素的作用不太明显,这与该煤矿水灾害致因系统的实际情况是相符的。因此,加强预警管理,规范人员操作行为是减少该煤矿水灾害事故的重点,有助于煤矿管理者采取相应的安全措施。

4.4 本 章 小 结

本章首先以危险源辨识理论和方法为基础,提出了影响煤矿水灾害的六大系统——人、管理、自然、设备设施、科技、法制监管系统;其次构建出煤矿水灾害致因机理体系,揭示了煤矿水灾害事故发生的深层次机理;然后从系统动力学的理论出发,运用系统动力学建模原理对煤矿水灾害致因系统进行实证研究,并对模型中关键参数进行了灵敏度分析。通过验证模型是否能较好地解决煤矿水灾害复杂巨系统中各因素之间关系的表达,为煤矿安全管理决策提供一种新的分析思路。

第5章 煤矿水灾害快速救援现状评价及问题分析

包括煤矿水灾害在内的任何事物都有其自身的规律和生命周期。本章通过对煤矿水灾害快速救援流程的分析,将煤矿水灾害全生命周期分为酝酿期、爆发期、扩散期、处理期及总结期5个阶段。快速救援发生在煤矿水灾害的处理期阶段。

在煤矿水灾害分析基础上建立煤矿水灾害快速救援评价指标体系,构建模型并进行实证分析对建立我国煤矿水灾害快速救援预警管理体系极为重要。

5.1 危机全生命周期理论

危机全生命周期理论[133]最早是由芬克在其模型中提出的。

芬克将危机的全生命周期分为4个阶段,第一阶段是征兆期(prodromal),此阶段一般会有线索显示潜在的危机;第二阶段是发作期(breakout),该阶段有伤害性的事件发生并引发危机;第三阶段是延续期(chronic),此时危机的影响持续,同时,该阶段也是清除危机的过程;第四阶段是痊愈期(resolution)。芬克认为预警信号必然在事件发生之前出现,所以一个好的突发灾害管理者应积极地识别并防范可能的引发事件[134],不能仅仅局限于设计灾害管理计划。

任何事物都有自身规律和生命周期,灾害作为危机的一种也不例外,在生命周期的不同阶段,灾害表现出来的特征也不同,了解这些差异才能更好地对灾害进行管理。根据灾害不同阶段的特点和表现的强弱,其全生命周期如图5.1所示。可分为以下4个阶段:

第一阶段(OA),灾害潜伏期。导致灾害发生的各种诱因逐渐积累的过程即为潜伏期[135],此时的系统处于量变阶段,系统内部不稳定要素较长时间地积累,会表现出一些征兆。如图5.1中 $A'B'AB$ 所示,这时危机并没有发生,却会发生一些变化,未造成损害或损害较小,不易被感知。

第二阶段(AB),灾害爆发期[136]。如图5.1中 $ABDC$ 所示,不稳定要素经过累积效应由量变到质变,而后发生质的飞跃,灾害潜伏期所积蓄的危害性能量在很短的时间内得到迅速释放,事态飞速发展。最初面对灾害,人们心理承受巨大压力并且充满恐惧。此时,正常的秩序极易受到破坏,随之产生不同程度的负面影响,如经济损失、人员伤亡等。在灾害爆发之后,危机将进一步扩大,影响范围和强度也越来越大,在爆发期灾害的特征逐渐明显。

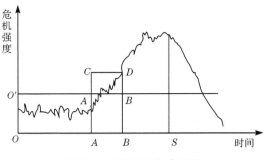

图 5.1　灾害的全生命周期

第三阶段(BS),灾害蔓延期。此时,各种负面因素相互作用,灾害造成的各种损失逐渐达到顶峰。处在此阶段的井下作业人员心理压力越来越大,但此时人员对灾害情形的认识逐渐加深,为了摆脱灾害带来的各种负面影响,开始采取不同的应对措施。

第四阶段(S 以后),灾害消退期。这一时期灾害带来的破坏范围不再扩大,危机的影响逐渐削弱。此阶段井下作业人员所承受的压力减小,开始试图恢复灾害发生之前的正常状况。从发生过程中汲取教训,并开始寻找灾害发生的原因并寻求解决问题的途径,以防止危机可能引起的各种后遗症和危机卷土重来。

对灾害管理的阶段划分,许多学者提出了自己的见解,主要有以下 3 种模型,见表 5.1。

表 5.1　危机管理模型

模型名称	提出者	划分方法
4 阶段生命周期	芬克	4 阶段:征兆期、发作期、延续期、痊愈期
5 阶段	米特罗夫	5 阶段:信号侦测、探测和预防、控制损害、恢复阶段、学习阶段
4R	罗伯特·希斯	4 阶段:减少、预备、反应、恢复

由于 4 阶段模型划分较为简洁,所以煤矿水灾害快速救援系统应按 4 阶段进行划分。按时间序列分为危机发生前、危机发生时、危机发生后和危机解决后 4 阶段,4 阶段内部又分为不同的子阶段,如图 5.2 所示。

基于以上理论,将煤矿水灾害管理系统划分为灾前准备阶段、实时预警阶段、危机确认与征兆排除阶段、综合救援阶段和善后处理阶段[137]。

(1)灾前准备阶段。进行灾前准备是煤矿水灾害快速救援系统区别于应急快速救援系统的主要体现。在这个阶段,作为灾害主体的煤矿根据应急预案进行灾害演练,对可能出现的灾害进行实战模拟,以提高救援人员的应急抢救能力,增强系统内部成员对应急预案内容和流程的熟悉程度,提升井下工作人员在紧急情况

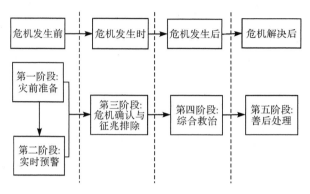

图 5.2　煤矿水灾害管理的阶段划分

下的避险和逃脱能力,通过检验快速救援系统启动应急救援的能力,检验各救灾实体的调度能力和救援物资的及时保障能力,通过演练提高整个快速救援系统应对危机的能力。

(2)实时预警阶段。实时预警阶段主要通过信息技术,利用多媒体软件和组态软件等对煤矿生产进行实时监督,通过对各种应力、温度等实时数据的监测分析[138],对危机征兆做出预警,如有灾害征兆发生,系统立即做出危机警告。

(3)危机确认与征兆排除阶段。当收到系统的危机警告后,实时监督人员立即对警告内容进行实时分析,确定危机是否发生。如果未发生,则继续进行实时监督;如确认危机发生,立刻通知相关人员根据应急预案中的相关规定进行操作,处理危机;如危机已经爆发,则即刻通知井下人员升井避险,将可能造成的损失降到最小。

(4)综合救援阶段。当灾害已经发生,煤矿立刻调度内部救灾实体与物资按照应急预案进行救援,如果灾害严重,煤矿自身无法解决,则矿方立刻将灾情信息上报政府相关部门,由政府牵头成立灾害应急指挥中心,调配人财物,进行灾害救援的决策制定和救援。

(5)善后处理阶段。此阶段主要进行灾害分析、煤矿生产恢复、相关人员奖惩等工作。

5.2　面向全生命周期的煤矿水灾害快速救援阶段划分

本书运用危机全生命周期理论,从时间序列角度将现有的煤矿水灾害划分危机发生前、危机发生时和危机发生后 3 个阶段,具体包括酝酿期、爆发期、扩散期、处理期、总结期 5 个时期。

流程如图 5.3 所示。

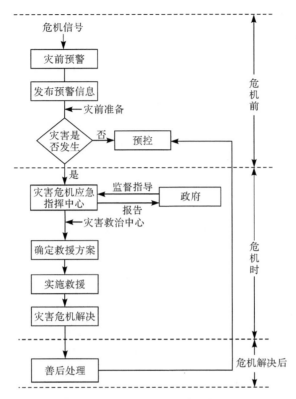

图 5.3　煤矿水灾害全生命周期分析

5.2.1　煤矿水灾害酝酿期

　　酝酿期是风险因素产生和生长的量变过程,也是危机能量逐步蓄积的过程,此时与煤矿水灾害相关的各种因素相互作用,它们之间的矛盾、冲突在形成、分解、重组、产生新的矛盾与冲突的过程中累积,如果能够及时发现水灾害的各种征兆,提前采取措施将其遏制在萌芽状态,则可以收到事半功倍的效果,避免灾害给国家、煤矿和社会带来巨大的损失[139]。

　　酝酿期是煤矿水灾害应急救援工作最容易忽略的时期,因为此时的灾害征兆不明显,井下作业人员容易产生麻痹思想。另外,由于对水灾害的认知能力和监测技术水平等的限制,难以准确地对煤矿水灾害加以识别和判断,导致错失化解灾害的最佳时机。

5.2.2　煤矿水灾害爆发期

　　爆发期是煤矿水灾害由隐性变为显性并快速扩散的时期[140,141],是与煤矿水灾害相关的各种因素相互作用的结果,也是从量变到质变的突变阶段。

爆发期是煤矿水灾害管理工作最为艰苦的时期。突然的爆发使矿工人员措手不及,此阶段对煤矿正常运行秩序的巨大冲击和破坏又不可避免地使员工在应对过程中存在不同程度的缺位。此时,社会的基本价值和行为架构受到严重的威胁,矿工、煤矿、政府等极易出现心理恐慌和心态失衡,物质、时间、人员缺乏,组织的命运经历着严峻的考验。而且此时的灾害还在继续生长壮大,且有愈演愈烈之势。若不及时采取有效措施进行处理,势必会使水灾害进一步升级,酿成更大的影响和破坏。

5.2.3　煤矿水灾害扩散期

扩散期是指在煤矿水灾害经历峰值状态后,后续影响范围的扩散达到最大化的时期,此时灾害仍在不断地恶化,并可能会连带影响到其他领域。这是与煤矿水灾害相关的各种影响因子相互作用并发生突变后的惯性发展阶段。

此时,虽然煤矿水灾害逐渐趋于平缓状态,但仍存在继续恶性演变甚至反弹的可能。事故并未处于完全、彻底的可控状态,尚需大量精细的工作计划,还需实施更加强劲有力的控制措施,并能够起到巩固前期管理和控制成果的作用。

5.2.4　煤矿水灾害处理期

处理期是煤矿水灾害生命周期的关键阶段。灾害的后续发展很大程度上取决于该阶段采取的举措。

此时,煤矿水灾害的紧急态势已经得到了控制,灾害所引发的一系列问题正在逐步得到解决,煤矿生产系统运行秩序也趋于正常。

5.2.5　煤矿水灾害总结期

灾害经过处理,可能得到解决也可能只是暂时控制了表面的水状况,深层矛盾没有彻底得到恰当处理,为下一次灾害埋下隐患。因此,对整个煤矿水灾害进行全面系统的分析和总结很有必要。

煤矿水灾害与通常事件发展趋势相同,也经历着从发生、发展到消失的这种量变到质变的过程。灾害发生之前,总会有一些征兆出现,及时捕捉到这些信息并加以分析处理,采取有效措施,就能够将灾害带来的损失降至最低,甚至避免煤矿水灾害的发生。

5.3　煤矿水灾害快速救援现状评价

5.3.1　DEA 理论概述

1. DEA 的基本概念

DEA 是著名运筹学家 Charnes 等学者所提出的,使用数学规划模型比较决策单元(decision making unit,DMU)之间的相对效率,进而对 DMU 进行评价。DEA 方法是以相对效率概念为基础,以凸分析和线形规划为工具的一种评价方法,应用数学规划模型计算比较决策单元之间的相对效率,对评价对象做出评价,它能充分考虑对决策单元本身最优的投入产出方案,因而能够更理想地反映评价对象自身的信息和特点;同时对评价复杂系统的多投入多产出分析具有独到之处。

2. DEA 的特点

DEA 与传统的统计方法相比,有其明显的优势。

(1) DEA 适用于多输入-多输出的有效性综合评价问题。

(2) DEA 在测定若干个 DMU 的相对效率时,与输入、输出指标值的量纲选取无关,而这种输入、输出还可以包含如"自尊"、"文化程度"等不可公度的指标。

(3) DEA 无须任何权重假设,而以决策单元输入-输出的实际数据求得最优权重,排除了很多主观因素,具有很强的客观性。

(4) DEA 模型中不必确定输入和输出之间可能存在的某种显著性关系,这就排除了许多主观因素的影响。

3. DEA 的应用步骤

一般情况下,DEA 的应用步骤如图 5.4 所示。

5.3.2　煤矿水灾害快速救援评价指标体系的建立

在对煤矿水灾害生命周期管理理论及救援流程分析的基础上,可以明确煤矿水灾害防治体系的构建应以以人为本、预防为主、统一领导、科学决策和反应迅速为原则,包括人、资金、物资和信息等内容[142~146]。

基于 5.2 节划分的灾前预防与准备阶段、灾情反应救援阶段和灾后恢复阶段构建煤矿水灾害快速救援评价体系[147],在煤矿水灾害快速救援流程分析的基础上不难发现,煤矿水灾害救援系统是一个多输入-多输出的复杂系统,且受到人、

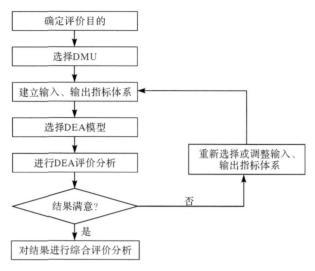

图 5.4　DEA 的应用步骤

机、料、法、环、管等诸多因素的影响。遵循科学性、全面性、通用可比性、实用性等原则,可确定评价煤矿水灾害救援的输入-输出指标体系[148]。

(1) 输入指标:围绕煤矿水灾害快速救援系统,救援过程中需要设备的运输、装卸、搬运和组装,以及必要的管理和协调。煤矿水灾害救援系统的输入包括反应救援过程中所需的设备、人力、物力、资金、煤矿水灾害救援技术和信息。

(2) 输出指标:煤矿水灾害救援的最终目的就是以最快的速度把灾害险情降至最低,使得人员伤亡最少、造成的煤矿损失最小及对周围环境造成的破坏程度最低。

5.3.3　煤矿水灾害快速救援评价模型构建

从煤矿水灾害的危机信号预警直至灾害发生结束整个过程中均存在着人、机器设备、救援物资等资源的投入,这些资源配置的合理性决定了煤矿水灾害的快速救援效果[149,150]。因此,在煤矿水灾害快速救援流程分析基础上,本书采用DEA 方法构建煤矿水灾害快速救援评价模型[151]。

1. DEA 评价模型构建

建立煤矿水灾害救援系统 DEA 评价模型的基本思路是:把每次煤矿水灾害看作一个决策单元 DMU,通过对不同量纲的输入与输出指标进行综合分析,以各个输入、输出指标权重为变量建立 DEA 模型[152],以此判断煤矿水灾害快速救援的相对有效性,寻找快速救援流程中存在的约束瓶颈,为煤矿水灾害快速救援流程优化奠定理论基础。

根据以往煤矿水灾害救援的投入产出数据,以产出最大化为目标,建立 DEA
模型如下:

$$\begin{cases} \max = \dfrac{\sum\limits_{r=1}^{s} u_r y_{rj}}{\sum\limits_{i=1}^{m} v_i x_{ij}} \\[2ex] \text{s. t.} \ \dfrac{\sum\limits_{r=1}^{s} u_r y_{rj}}{\sum\limits_{i=1}^{m} v_i x_{ij}} \leqslant 1, \quad j = 1, 2, \cdots, n \\[2ex] u \geqslant 0 \\ v \geqslant 0 \end{cases} \tag{5.1}$$

式中,x_{ij} 为第 j 次煤矿水灾害快速救援对第 i 种输入的投入总量,$i=1,2,\cdots,m$,
$j=1,2,\cdots,n$;y_{rj} 为第 j 次煤矿水灾害快速救援对第 r 种输出的产出总量,$r=1$,
$2,\cdots,s,j=1,2,\cdots,n$;$v_i$ 为对第 i 种输入的一种度量(也称为"输入权重向量");u_r
为对第 r 种输出的一种度量(也称为"输出权重向量")。

利用 Charnes-Cooper 变换和线性规划的对偶理论,并进一步引入松弛变量
S^+ 及剩余变量 S^-,将不等式约束 1 变为等式约束 2,可得到

$$\begin{cases} \min \theta \\ \text{s. t.} \ \sum\limits_{j=1}^{n} \lambda_j x_j + S^+ = \theta x_0 \\[2ex] \sum\limits_{j=1}^{n} \lambda_j y_j - S^- = \theta y_0 \\[2ex] \lambda_j \geqslant 0, \quad j = 1, 2 \cdots, n \\ \theta \ \text{无约束}, \quad S^+ \geqslant 0, \quad S^- \leqslant 0 \end{cases} \tag{5.2}$$

2. DEA 评价准则

利用软件 DEAP 2.1 求解上述模型,假设最优解为(θ^*,λ^*,S^{*+},S^{*-}),其结
果可分为 3 种情况[153]。

(1)$\theta^*=1$,且 $S^{*+}=0$,$S^{*-}=0$,决策单元 j 为 DEA 有效,表明此次煤矿水灾
害快速救援流程合理,效益最佳。

(2)$\theta^*=1$,S^{*+} 和 S^{*-} 不全为 0,决策单元 j 为弱 DEA 有效,表明此次煤矿
水灾害快速救援流程较为合理,效果较佳,但仍需进一步优化流程。

(3)$\theta^*<1$,决策单元 j 为 DEA 无效,表明此次煤矿水灾害快速救援流程存在
问题,效果不好,需要优化快速救援流程。

5.4　煤矿水灾害快速救援存在问题分析

依据可比性、有效性、全面性等原则,本节从全国各地发生的煤矿水灾害中选取 2009～2011 年 20 组不完全相同但类似的煤矿水灾害作为样本,以此分析现有煤矿水灾害救援流程存在的问题。

5.4.1　快速救援技术与装备不配套

通过收集煤矿水灾害救援相关数据,利用软件 DEAP 2.1 求解模型,得到分析结果,见表 5.2。

表 5.2　煤矿水灾害快速救援流程 DEA 评价结果

决策单元	θ	相对效性	输入冗余率				
			人员	设备	环境	管理	信息
1	0.8024	无效	+21.28	−10.77	−4.37	−3.62	−24.19
2	0.8343	无效	+8.53	−6.40	−5.03	−8.40	−8.06
3	0.9154	无效	+13.30	−3.45	−5.83	−10.37	−12.34
4	0.9268	无效	+12.26	−7.53	−4.92	−6.56	−5.70
5	1	有效	—	—	—	—	—
6	0.9032	无效	+16.71	−2.71	−7.44	−5.33	−2.42
7	0.8872	无效	+6.75	−10.68	−10.50	−4.70	−13.50
8	0.7936	无效	+20.85	−14.64	−6.63	−6.28	−10.92
9	0.8407	无效	+11.49	−8.80	−11.58	−9.05	−12.08
10	0.9106	无效	+10.62	−8.69	−3.20	−7.35	−7.85
11	0.9563	无效	+7.83	−5.08	−8.46	−10.52	−11.27
12	1	有效	—	—	—	—	—
13	0.8853	无效	+5.86	−4.06	−10.25	−7.40	−8.06
14	0.9116	无效	+3.37	−5.54	−8.34	−11.35	−11.80
15	0.9085	无效	+15.05	−7.82	−6.23	−5.60	−2.70
16	1	有效	—	—	—	—	—
17	0.9337	无效	−4.74	+21.28	−10.92	−14.64	−4.37
18	0.8992	无效	−10.50	+8.53	−12.08	−8.80	−5.03
19	0.8476	无效	−6.63	+13.30	−7.85	−8.69	−5.83
20	0.9620	无效	−11.58	+12.26	−11.27	−5.08	−4.92

结合表5.2进行以下分析。

(1) 快速救援效率分析。在以上20次煤矿水灾害抢险救灾过程中,只有决策单元 DMU5、DMU12、DMU16 是有效的,其余决策单元均无效,说明我国煤矿水灾害快速救援的资源投入未达到预期效果。

(2) 投入冗余率分析。结果显示我国煤矿水灾害快速救援在人、设备、环境、管理和信息等5方面存在着投入过多或者投入不足问题[154],资源配置不均匀现象严重,尤其是在管理和信息两方面降低了救援效果。

利用鱼骨图分析方法,从人、机、环、管4方面寻找影响煤矿水灾害快速救援的关键因素,如图5.5所示。

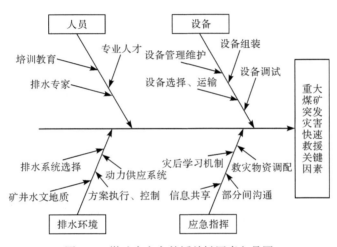

图 5.5 煤矿水灾害救援关键因素鱼骨图

对现有流程进一步分析发现,煤矿水灾害救援流程需要改进的地方集中在灾前预警和信息反馈两方面,具体表现如下。

5.4.2 水灾害预警管理体系不完善

我国复杂的煤矿地质环境与矿内生产环境导致水灾害发生时救援困难,加上煤矿水灾害的发生具有突发性和不可预测性,不少煤矿生产企业虽然建立了预警管理系统,由于影响因素的多变性,导致企业不能根据危机预警信号及时识别并防范可能的引发事件。

我国煤矿水灾害虽然引入了危机管理理论,但是,基于等待灾害发生再做出快速救援的救援模式与理念仍然是灾害发生后再采取应急措施,这种理念与模式从整体上降低了煤矿的预警意识,而且煤矿水灾害预警水平受工作人员、技术水平、设备水平、管理水平、环境水平等众多因素的影响,也直接导致构建的预警系统不够完善,未能有效发挥其功能。

5.4.3　信息共享不及时

煤矿信息流庞大且具有多源性、空间性、时间性、形式多样性等特征,直接影响了指挥中心的救灾效率。此外,煤矿水灾害的救援实体单位较多,这些实体主要依靠政府的领导和协调运作,相互之间联系不紧密,由此导致沟通渠道单一,救治效率偏低。同时煤矿的学习反馈机制不完善。快速救援系统内部缺乏有效的沟通渠道,信息传递不畅,灾害发生之后的知识复用和知识转化程度低,导致快速救援系统学习性较弱,影响了灾害预警系统的效率。

针对煤矿水灾害快速救援流程存在的问题应采取以下措施:

(1) 加强灾前准备。加强设备的保养维护、人员的配备培训、专家资料信息库的完善、应急预案的制订及模拟演练等。

(2) 完善预警系统。从信息收集、专家分析、灾害的监测识别及确认等方面及时发现危机征兆并发布预警信息[155],通过对灾害征兆的识别将可能发生的危机排除以达到预防的效果。另外,如果灾害已经爆发,系统应快速做出响应排除灾害。

(3) 建立信息共享机制。主要是及时汇集并处理多个救灾实体信息,缓解应急指挥中心信息传递负荷过大的问题,提高系统的救援速度。

5.5　本　章　小　结

本章首先对煤矿水灾害快速救援流程进行了深入分析,建立了煤矿水灾害快速救援运作模型,同时对模型进行了解析;其次运用危机全生命周期理论将煤矿水灾害划分为酝酿期、爆发期、扩散期、处理期及总结期;然后在煤矿水灾害快速救援流程分析基础上建立了煤矿水灾害快速救援评价指标体系,采用 DEA 方法构建了快速救援评价模型并进行了实证分析,结果表明快速救援技术与装备不配套、水灾害预警管理体系不完善和信息共享不及时是影响煤矿水灾害快速救援的关键因素,因此后续篇章将分别从煤矿水灾害快速救援技术与装备研发、预警管理体系及信息共享平台 3 方面探讨。

第6章　煤矿水灾害快速救援技术与装备研发

排水技术与装备是提升煤矿水灾害快速救援的关键组成部分。随着我国矿山尤其是中东部地区煤矿快速向深部延伸,部分矿井已经超过 1000m,由于水压逐渐增大,迫切需要研发大流量、高扬程、大功率的矿井潜水电泵,以便加强矿井抗灾性,提高矿井快速救援效率。本章在分析我国煤矿水灾害快速救援技术现状基础上,结合多年的工程实践经验,研发出矿井 3200kW 高压潜水电机和ZQ1000-90 系列潜水泵,并取得了良好的社会经济效益。

6.1　煤矿水灾害快速救援技术现状分析

6.1.1　我国煤矿水灾害快速救援技术存在的问题

通过调查发现,目前我国煤矿水灾害快速救援技术中存在的问题[156,157]主要有如下几个。

1. 相对落后的水灾害防治技术手段不能满足新的煤炭开采条件要求

近年来,由于煤矿开采深度和工作面空间不断加大,井巷工程掘进速度明显提高。随着煤矿开采方式、开采深度和工作面开采空间的变化,水灾害产生的条件和对矿井威胁的程度,以及形成的机理都在发生着较大的变化。而目前,我国防治水技术和水灾害预测评价的理论仍以 20 世纪 50 年代苏联的相关理论和 80 年代积累的采矿研究成果为主。传统的防治水技术已经不能满足新的煤炭开采条件要求,矿井生产的高产高效与防治水技术发展的相对滞后必然导致突水淹井事故的增加。

2. 水灾害防治规范化程度低

尽管我国煤矿防治水技术实验条件和水灾害探查治理装备较发达国家落后,但我国的煤矿防治水技术研究处于世界领先地位。在长期的煤矿水灾害研究过程中,以中煤科工集团西安研究院及有关高校为代表的防治水科研队伍,研发、试验并形成了较为系统完善的适合我国煤矿水灾害防治的技术和方法。但是,由于煤炭生产企业在市场经济条件下未能及时调整好快速增长与安全技术配套的协同发展关系,现有安全措施难以满足矿井的满负荷甚至超负荷生产要求。重治理、轻防范思想严重,加上许多煤炭生产企业因前几年效益不好造成高素质人才流失,在机构调整减员增效过程中减少了水文地质专业人员数量,企业的防治水技术与管理人员力量薄弱,规范化监管力度不够,使得现有成熟的防治水技术和手段未得到充分应用。例如,突水条件的多信息监测预警技术、地震及其他勘探资料的精细解译技术、突水水源的化学判别与快速诊断技术等没有得到广泛应用,煤矿水灾害防治安全规程中要求的“有疑必探”的原则不能得到贯彻执行,由此必然造成突水的重大安全隐患。

3. 对隐蔽型导水构造的精细探查技术与装备不足

矿井水文地质工作的核心内容就是要查明煤矿水灾害产生的三大因素(水源、水量、导水通道)。在矿井突水的三大因素中,作为对水源和水量起决定作用的含水层因其补给和排泄条件具有区域性和面状分布的特点,往往易于查明和预先知道,但导水通道(断层、陷落柱、不良封闭钻孔等)具有极强的局部性和难以预知性,而多数灾害性突水均来自于导水通道的不可预知性。新的突水事故显示,我国煤矿水灾害存在最为普遍、突水灾害最为严重、突水因素最为隐蔽、水灾害安全最难预知的莫过于华北型奥陶系喀斯特底板水通过断层或陷落柱突水(如邢台东庞矿),断层和陷落柱精细探查的技术与装备不足,导致精度和超前预测不能满足防治水工作的基本要求。

4. 人类活动诱发的突水事故迅速增加

随着大量小煤矿的关闭及部分国有大井因资源枯竭或其他原因而废弃,近年来煤炭生产矿井周边形成了因为废弃矿井而产生的新的水源和导水通道。由于对该类型矿井在废弃和关闭过程中没有采取切实可行的水灾害防范措施,没有进行矿井关闭后可能诱发的矿井水文地质条件变化的研究与评价,疏于对关闭矿井的相关工程和技术资料的系统整理与管理,对废弃矿井突水条件的认识及防范技术准备不足,频繁发生灾难性的突水事故(如韩城桑树坪矿),而且该类突水事故呈现明显上升趋势。如果不能及时加以防范和控制,不仅会造成煤矿水灾害事故,而且会诱发严重的地质灾害和环境污染问题。

5. 煤炭生产企业缺乏专门的水灾害防治技术队伍和规范化的水灾害安全监督检查体系

我国的煤炭生产企业缺乏专业煤矿水灾害防治技术队伍,缺乏生产工作面、矿井水灾害安全技术论证、技术监控和安全技术保障体系,尽管各级组织十分重视事故发生后的责任追究制度,但往往易忽视对生产过程安全技术保障体系的监管和评估,这也是造成重大安全隐患的重要原因之一。

6.1.2　国内外煤矿抢救排水技术现状

1. 国内现状

疏干降压是我国矿井防治水灾害的主要技术措施。国内除普遍采用经常性疏干排水外,先后还进行了峰峰矿区和淄博矿区的薄层灰岩水疏干和降压,研究了邯郸矿区的疏干工作程序和疏干勘探方法。20 世纪 80 年代初,在淮南矿区研究了太原群灰岩水的疏干问题。

另外,堵水截流也是我国矿井防治水灾害的重要方法。在静水与动水条件下注浆封堵突水点、矿区外围注浆帷幕截流等都有比较成熟的方法和经验。焦作、峰峰、煤炭坝等矿区均采用过这种方法,近年来又成功封堵了开滦范各庄矿特大型突水。

从 20 世纪 60 年代起在徐州、枣庄、新汶等煤矿和张马屯铁矿、水口山铅锌矿等不同水文地质条件下的灰岩地层中成功地建造了大型堵水截流帷幕,取得了良好的堵水效果。近年来,峰峰四矿对煤层底板注浆截断岩溶水垂向补给通道取得了良好的效果,提供了一种可资借鉴的截流方法。

2. 国外现状

国外目前主要采用主动防护法,即采用地面垂直钻孔,用潜水泵专门疏干含水层。除此之外,堵水截流方法也有很大发展,建造地下帷幕的方法越来越受到重视,有些国家利用挖沟机在松散层中修建帷幕以防治矿井水灾害,开挖、护壁、清渣、流水作业是当前国外先进的堵水截流技术。但国外尚未有在岩溶地层中建造大型帷幕的实例。

物探方法在国外近几年发展也较快,如德国、英国、美国等研究利用槽波地震法探测落差大于煤厚的断层,以及采用井下数字地震仪探测岩层中的应力分布。

6.1.3　煤矿水灾害防治方法

国内外在煤矿水灾害防治方面已有的较为成熟的技术和措施,如疏干降压、注浆堵水、突水预测和探放水等,其具体内容及应用实例见表 6.1。

表 6.1　煤矿防治水灾害方法简介

防治水方法		应用矿区
分类	主要内容	
地表水防治	1. 在河流(含冲沟、小溪渠道)的漏水、渗水段铺底,修人工河床、渡槽或河流部分地段改道等 2. 在矿区外围修筑防洪泄水渠道,在采空区外围挖沟排(截)水 3. 填堵渠道(指对岩溶地面塌陷及采空区塌陷的处理) 4. 建闸设站,排除塌陷区积水或防止河水倒灌	湖南恩口矿、南桐红岩矿、徐州贾汪矿区
井下防水设施	1. 留设防水煤(岩)柱 2. 设置防水闸门及防水闸墙 3. 设排水泵房、水仓、排水管路及排水沟等排水系统	峰峰各矿、邯郸各矿及其他大水矿区
井下探放水	1. 探放老空水 2. 探放断层水 3. 探放陷落柱水 4. 探放旧钻孔水 5. 探放含水层水	峰峰、井陉、邯郸、淄博和肥城等矿区
疏干	1. 地表疏干,从地面施工垂直钻孔,安装潜水泵,抽排含水层水 2. 地下疏干 　(1)专门疏干矿井、巷道和放水孔 　(2)疏干巷道(运输巷道疏干含水层、疏水石门、疏水平硐) 　(3)疏水钻孔(井下放水孔疏干、井下吸水孔疏干) 3. 联合疏干 　(1)地表疏干与地下疏干同时进行 　(2)多井同时疏干同一含水层	广东石碌铜矿、湖南煤炭坝矿、恩口矿等,徐州夏桥矿、新汶张庄矿、潞安五阳矿、苏联北乌拉尔铝土矿、湖南煤炭坝矿
突水预测	1. 易于突水的构造部位或地段的预测 2. 采掘前突水预测 3. 采掘过程中突水预测 4. 突水量预测	焦作矿区、淄博矿区井陉矿区、邯郸王凤矿、陕西韩城矿区、井陉矿区
地表水体下采矿安全措施	1. 地表水体下留设安全煤(岩)柱(含断层煤柱) 2. 选择控制采高的采煤方法,加强顶板管理 3. 保持足够排水能力,即设计最大排水能力 4. 建立井上、下水文动态观测网、避灾路线、报警系统等 5. 必要时探水掘进	淮南孔集矿等、乐平钟家山矿、开滦唐山矿、淮南孔集矿等、井陉矿区

防治水方法		应用矿区
分类	主要内容	
注浆 堵水	1. 注浆堵水的一般施工 2. 封堵突水口(点)的注浆 3. 封堵突水巷道的注浆 4. 封堵突水断裂带的注浆 5. 封堵岩溶陷落柱的注浆 6. 巷道布设在厚层灰岩的突水口的注浆 7. 封堵天然隐伏垂向补给通道的注浆 8. 堵水截流帷幕的注浆	开滦范各庄矿与吕家坨 矿的边界巷道动水注浆 工程新汶协庄矿、肥城大 封矿、开滦赵各庄矿、开 滦范各庄矿、安阳铜冶 矿、涟邵斗笠山矿、湖南 恩口矿、峰峰四矿、徐州 青山泉矿、枣庄郭东井
酸性水 防治	1. 减少酸性水发生根源 2. 检选、利用造酸矿物 3. 减少地表水渗入量 4. 减少大气降水沿煤层露头带渗入量 5. 减少排水量 6. 减少排酸性水时间 7. 提高设备耐酸性能 8. 中和酸性水	淄博矿务局、丰城矿务 局、江苏潭山硫铁矿

6.1.4　煤矿水灾害抢险排水常规技术

针对受灾矿井不同的开拓方式和透水特点,通常采用相应的抢险排水方式。按水灾事故规模来分,一般分为重大突水事故和老窑突水;按矿井开拓方式来分,可分为立井排水、斜井排水、多水平排水、露开矿排水。

当矿井深度≤200m,突水量≤200m³/h情况下,采用低压小型潜水泵;当矿井深度为200~500m,突水量在200m³/h以上时,采用高压大功率潜水电泵,水泵功率通常为280~1900kW,流量200~1400m³/h,扬程200~500m;当矿井深度在500m以上,复矿难度大幅度增加,尤其是深度在700m以上时,复矿工作难以进行。

本书开发的ZQ500-90系列潜水电泵,单级扬程90m,目前匹配电机可达到3600kW,单泵能力可达到扬程1000m,流量1000m³/h。目前已试制出两个泵型:2600kW/扬程650m/流量1000m³/h和3200kW/扬程810m/流量1000m³/h。其目的是应对当前我国华北、华东地区800~1000m矿井可能发生的透水事故,同时兼顾其他矿区的延伸作业情况下的水灾害抢救工作。

6.2　煤矿水灾害快速救援潜水电泵研发

6.2.1　矿井 3200kW 高压潜水电机研发

1. 概述

该电动机结构设计符合矿用一般型电气设备标准,适用介质水温不高于 40℃(也可根据用户需要设计为介质水温不高于 60℃),定额为连续工作制,防护等级为 IPX8,额定频率 50Hz,额定转速 1480r/min;设计额定电压为 6K/10kV,该电压等级下的国内潜水绕组线性能可靠,使用寿命长且无电晕产生,能够保证运行安全;额定输出功率 3200kW,为配套电泵留有充分的裕量;额定容量时效率 90%,功率因数 88%,能耗指标合理;采用机械密封,配以特殊的甩砂结构,尤其适合于矿井含砂水质使用;采用了国外最先进的推力轴承材料,可以承受最大向下推力 160kN,为电动机长期运行提供可靠条件;在电磁设计上充分考虑了矿山抢险的特殊情况,采用优质矽钢片和电磁线,同时辅以特殊的轴瓦材料,保证电机立、卧两种方式使用(卧用时采用加强轴瓦支撑结构);自带冷却系统,可以有效延长绕组线的使用寿命,降低电动机升温;电机轴伸采用特殊刷镀工艺增加轴伸抗腐蚀能力(轴伸直径 160~200mm 可选),电机内腔进行特殊防锈处理,有利于延长电机使用寿命;双动力缆引出,允许采用星三角启动,可以适应多种不同的矿山抢险条件;设有六芯控制电缆,电机内腔设有贫水保护和绕组过热保护装置,且保护系统设计可排除电缆长度干扰,便于维护并及时采取防患措施。

3200kW 高压潜水电动机汲取了国外最新潜没电机技术,结合国内矿山使用条件,技术先进,材料优质,性能可靠,并可根据客户的特殊需要进行特殊设计。

2. 采用的主要新技术

1) 轴承的创新设计

鉴于 RITZ 公司 6710、6725、6835 在国内拥有较多用户的信息反馈,主要可归纳为:因推力轴承热交变影响产生较多的推力轴承盘碎裂、龟裂等严重故障,影响了复矿排水任务的顺利完成。本书重新设计了推力轴承结构,最主要的是改变了推力轴承承磨材料的配对,大幅度降低了 PV 值,并且在大量实践和理论基础上建立了推力轴承寿命的计算程序,这一程序在实践中得到了证实。综合上述成果进行改进设计后,推力轴承的安全可靠性得到保障,从而克服了引进技术存在的缺点;设计了新型的水力推力轴承,采用青铜自向心扇形块与软基金属复合材料组成水力摩擦副,最大承载力 160kN,以保证矿用潜水电机长期可靠运行;开发了新型导向轴承,采用碳纤维基金属复合材料与硬质金属复合层组成摩擦副,可以满足电机立式和卧式两种运行方式。

2）电机外径选择

在 20 余年大型高压矿用潜水电泵研发、生产、运行过程中，发现原引进西德 Ritz 公司容量相近的 6835 系列泵过多考虑了井径的限制，该公司是把高压矿用潜水电泵列为井用电泵的一种，其最大直径为 35 英寸，而在矿山救灾中，大型潜水泵是安装在主井、副井或通风井中的，对直径没有严格限制。考虑与水泵的配套性，本系列选的电机冲片为 D878。

3）加装磁性吸附装置

潜水电机内部即使再经清洗也难免存在不同杂质，其中以铁为基础的杂质占 65％以上，且多为硬颗粒。在过滤器中设置永磁体后，大量杂质吸附在永磁体上，可以高效保护水润滑轴承，包括推力轴承及导轴承。经过这一科学改进，潜水电泵轴承的磨损量大为下降。上述两项措施的综合运用，极大地提高了推力轴承的可靠性。

4）冷却方式

电机采用强制内水循环冷却系统设计，散热效果好，温升稳定在 36℃ 以下。为了使潜水电机安全可靠运行，降低潜水电机温升，可以在潜水电机的底部加冷却器结构以增加潜水电机内部水循环面积，提高散热功能，同时可在冷却器内部增加内部水净化装置。另外，潜水电机本身自带的小叶轮也将进一步促进内部水循环，以强化散热效果。

5）立卧两用安装

为适应我国斜井排水和水泵水平安装排水，该潜水电泵采用立卧两用安装方式。改进轴系的刚度、提高临界转速、采用 Ferobestos 水润滑轴承成为立卧二用潜水泵改进的关键技术。通过严格的刚度、强度校核，以保证结构的可靠性。

6）自动保护技术

由多年生产矿用潜水电机的经验得出，电机的常见故障是电机内缺水，从而引起导轴承、推力轴承损坏。因此可增设电机内贫水传感器，用以监控此故障。事实证明，贫水传感器用于监控比绕组温度传感器有更高的可靠性。由于潜水电泵长期在井下运行，潜水电机绕组绝缘性的好坏决定着潜水电泵运行的安全性和可靠性，对此可设计开发 JYC 电机绝缘监测仪，监测电机绕组动静态绝缘情况，以达到及早发现故障并排除故障、保障矿井安全运行之目的。

3. 潜水电机轴承结构与材料设计

由于排水现场水泵安装空间尺寸的限制，潜水三相异步电动机的外径尺寸一般不宜过大，其定子外径与同功率的普通陆用异步电动机相比要小很多，相应地，定子极矩较短，定子铁心长度较长，即潜水三相异步电动机的主要尺寸比 λ（定子有效长度与极矩之比)比普通电机大得多,可以形象地将其描述为外形特别细长。这一点对于单纯设计立式使用的潜水电动机来说关系不大,而要使该电动机同时满足卧式使用条件就会出现一系列困难。转子细长,转轴刚度就差,卧式使用较立式使用时所引起的挠度问题会更加突出。

结构上潜水三相异步电动机采用滑动轴承支承,轴承间隙较大,定转子气隙的不均匀程度较一般滚动轴承电动机更为突出。电动机气隙长度的大小对电动机的性能和运行可靠性影响大,气隙长度小,电动机的励磁电流减小,运行电流变小,功率因数提高,因此应尽量减小设计的气隙值;而当气隙较小时,由于滑动轴承偏心造成的气隙不均匀度影响较大,会产生较大的单边磁拉力,加重转轴的弯曲挠度。而转轴的弯曲挠度又使气隙不均匀度进一步增大,从而使单边磁拉力更大,加重转轴的弯曲,这样极易使定转子相擦。另外,卧式使用电动机还会使转轴与滑动轴承间的初始间隙不均匀,定转子存在较大的初始偏心,随着启动后电动机的运行,转轴重量和初始单边磁拉力会使滑动轴承逐渐磨损,定转子偏心增大,同时转子受到的单边磁拉力增大,加大转轴挠度。经分析发现,立式电动机卧式使用的问题变得更加复杂。

潜水电动机立式使用时,其水润滑止推轴承承受水泵产生的轴向力和转子自身重量,导轴承-轴瓦-起到扶正的作用,单纯解决转子磁拉力引起的偏心问题,磨损较小,较易形成水膜,水润滑状态好,有利于延长使用寿命。

而当潜水电动机卧用时,其水润滑止推轴承只承受水泵产生的轴向力。为了减小立式使用时水泵的轴向力,配套时通常选用双吸泵型。双吸泵有上下两个吸入口,两组泵叶轮对称分布,所产生的两个轴向推力方向相反,以利相互平衡,使卧式使用时电动机的水润滑止推轴承基本不承受轴向力,减少磨损,延长寿命。

轴瓦的受力情况则相反。在电动机与水泵装配的同心度调整到位的情况下,水泵转动部分的重量将由水泵自身的导轴承承担,电动机转子自身的重量和运行时产生的单边磁拉力由卧用电动机的轴瓦来承担。卧式使用与立式使用比较而言,轴瓦的承重增加了转子自重部分,但与止推轴承与轴瓦的承重面积相比要小很多,增大的压强会使轴瓦局部磨损明显加快,磨损量会使电动机气隙不均匀度进一步增大,从而再次加大单边磁拉力,增大磨损量,这种循环极易使定转子相擦,从而导致电动机无法正常转动,产生堵转热量,引发严重的发热,最终导致抱瓦、定子绕组烧毁等重大故障,造成较大的经济损失。

当电动机功率进一步提高时,λ 增大,转子重量进一步加大,再加上长度增加引起的转子本身挠度的增加,单边磁拉力更大,导致卧用潜水电动机能够正常工作的时间非常有限。

通过研究我国引进的德国里茨系列潜水电动机和国内的大功率潜水电机可以看出,在大功率潜水电动机的卧式使用上,他们均很谨慎,与垂直线成30°以内倾斜立用时可以与设计工厂商议,基本上不允许更大的倾斜。

以下用设计水平与先进的里茨潜水电动机(6000V 电压,同步转速为 1500r/min)来进行比较分析。分析数据见表 6.2,各型号中大于列表功率的各级别容量潜水电动机均不允许卧式使用。

表 6.2　里茨潜水电动机数据

型号(英寸)	功率/kW	铁心长度转子外圆	轴瓦内径/mm	卧式使用允许情况
26″(外径 615)	380	2.83(850mm/300mm)	104	否
28″(外径 665)	720	3.5(1185mm/330mm)	150	否
30″(外径 695)	1300	3.8(1340mm/350mm)	215	否
36″(外径 835)	2400	3.3(1350mm/410mm)	250	否

注:外径尺寸单位为 mm,1 英寸=25.4mm。

通过前述分析和设计可以得出结论,如果将某一不允许卧用的特定大功率立式潜水电动机改为卧式使用,有以下三个方案可供选择:第一个方案是尽量缩小铁心长度与转子外圆的比值,如加大电动机定子冲片的尺寸(以扩大型号来换取长度尺寸的缩短,减小两轴承支点间的距离,减小转子挠度),但由于安装空间尺寸的限制往往实施起来有障碍且不能减小转子重量,能够解决问题的范围有限。又如通过新绝缘材料的选用,可以更有效地利用定子槽空间,降低铁心长度,减小转子重量,但长度缩短有限,而且会牺牲电动机的效率和功率因数指标。第二个方案是在型号不变的情况下尽量加大径向滑动轴承(也称导轴承)——轴瓦的尺寸以增加轴瓦强度,但往往受到上导轴承座定子引出电缆出线空间的限制,尺寸不可能有太大增加。第三个方案是从轴瓦本身增强轴瓦的耐磨性延长其使用寿命。

事实上,这三种技术方案在解决立式潜水电动机卧式使用的问题上可以同时采用。其中第一个方案和第二个方案从设计角度而言均不难实施,但作用有限,这里不做过多解释。下面主要结合第三个方案的实施过程和实施要点进行总结性的阐述。

目前矿用立式潜水电动机有充油式、充水式和干式三大类别。从实际应用来说,充水式潜水电动机使用较多,这也是从电泵使用可靠性、运行检修便利性等方面综合考虑的结果。当前大功率立式充水式潜水电动机用导轴承使用的主要是各种石墨材质轴瓦,各生产厂家会根据电泵价位选用不同的石墨轴瓦坯料。进口的轴瓦坯料价格普遍较高(约为国产坯料的三倍左右),但优点是产品质量稳定性高。

结合以往经验,即便是质量稳定性好的优质进口石墨轴瓦,在大功率潜水电动机卧式时使用寿命也不高。探究其根本原因,在于石墨本身耐磨性能一般,不适合卧式使用的特殊条件。坚持使用该类轴瓦,从维修角度而言不经济,从使用角度而言不方便,从抢险救灾的角度出发不允许。

为了解决轴瓦的使用寿命问题,通过参考大量的国内外资料,访问多家水润滑轴承生产厂家,综合国内外诸多电泵、电机制造厂家滑动轴承的使用状况,可进行一系列探索研究。

首先,从分析各种轴瓦材料性能入手,通过比较选定适合卧式使用的轴瓦材质。

水润滑滑动轴承材料种类多,主要有石墨、橡胶、聚氨酯、P23 酚醛塑料、F102复合材料、陶瓷、金属塑料、赛龙等,其中前几种材料的导轴承在水泵行业里的应用较为广泛。

通过分析卧式使用潜水电动机滑动轴承水润滑的状态可以发现,以黏度很低的水作为轴承滑动摩擦面的润滑冷却剂很容易使对磨面处于边界润滑状态,而卧式使用潜水电动机时,转轴与轴瓦未启动时还有直接接触状态,可以认定运行时轴瓦承载面处于边界润滑状态,因此选用的轴承材料只有具有良好的自润滑性能、优良的耐磨性、较低的摩擦系数、高承载力的优点才能适应这种结构的润滑冷却状态并保证卧式潜水电动机正常运行。

考虑到大功率卧式潜水电动机轴瓦处于边界水润滑状态、摩擦副之间存在局部表面的直接接触现象,同时还有转子旋转时转轴对轴瓦存在冲击载荷的复杂运行情况,经过比较后发现各种材料对卧式使用状态的适用程度不一样。

(1)石墨轴瓦耐磨性差,脆性大,耐冲击性差,且在边界润滑状态难以形成水膜时极易析出石墨中浸渗的金属分子,造成抱瓦。

(2)橡胶轴瓦受压后弹性变形大,运行精度不高,承载力不高,干运行性能比较差,其对异物的埋没性易造成对轴套的磨损。

(3)与橡胶轴承相比,聚氨酯轴瓦耐磨性虽然较好,但遇水膨胀率较大,承载力不高。

(4)P23 酚醛塑料轴瓦承载力较橡胶轴瓦稍强,但较脆、易碎且碎屑较硬,不耐磨粒磨损,无水润滑即烧坏,对润滑水质要求严。

(5)F102 复合材料轴瓦具有良好的摩擦磨损性能,与橡胶、聚氨酯、P23 酚醛塑料相比承载力高、韧性好,能耐冲击性负荷,抗压强度高,不会发生碎屑加速磨损的现象,耐磨性好,还具有吸水性小、自润滑等特点。

(6)陶瓷轴承具有高脆性和低抗冲击性,对水中杂质高度敏感。

(7)金属塑料轴承热膨胀量大,吸水性强,干运转能力差,且在水导轴承上的应用刚刚起步,技术尚不成熟。

(8)赛龙轴承也属新兴产品,主要是合成树脂和合成橡胶技术的混合物,资料显示其具有出色的抗磨损性,有自恢复弹性,能承受高压和冲击载荷,特别是自润滑性好,可在干摩擦状态下运转,具有低摩擦、耐磨损、不老化性能,不会发生材料剥落现象。一般情况下,适合中等载荷 1～10MPa 的场合,但对大载荷则要大大降低转速。

综合各种材质轴瓦的性能和卧式使用潜水电动机要求,水润滑轴承要求承载力高、韧性好、耐冲击性负荷、抗压强度高、耐磨性好、吸水性小、在水中尺寸稳定性好、自润滑性好等,在保证可靠性同时兼顾产品经济性、电泵维护周期等各项指标的前提下,目前只有 F102 复合材料轴瓦基本符合使用要求且其价格仅为国产石墨轴承的四分之一,适合设计为易损件进行维护更换。

进一步分析相应的试验数据(表 6.3、表 6.4),可以看出该材料的耐热性好、线膨胀系数随温度的变化小,抗压、抗冲击性好,可以确定为设计卧用轴瓦的首选材料。参照《汽车用制动器衬片》(GB 5763—1986)进行的耐脱水烧伤性试验还表明,F102 复合材料具有短期脱水而不致烧伤的性能,此性能对电泵抢险运行大有裨益。

表 6.3　机械物理性能汇总

材料	比重 /(g/cm²)	吸水性 (尺寸增厚) /%	热变形温度 (1.82MPa) /℃	法向线膨胀 系数 0～40℃ 10⁻⁵/℃	法向线膨胀 系数 40～80℃ 10⁻⁵/℃	压缩 强度 /MPa	法向冲 击强度 /(kJ/m²)	球压痕 硬度/(N /mm²)
F102	1.55	0.8	>200	2.4	2.5	200	25	202

表 6.4　F102 与不同对磨付的摩擦磨损性能比较

对磨金属	干摩擦		水润滑	
	摩擦系数 μ	磨痕宽度/mm	摩擦系数 μ	磨痕宽度/mm
45 钢	0.17	4.2	0.12	5.1
2Cr13	0.24	5.0	0.18	4.8

其次,从研究大功率潜水电动机转子允许的长度入手,设计合理的轴瓦与轴套间隙,并抓住关键问题从设计和制造工艺上可保证卧用潜水电动机的可靠性,延长其使用寿命。

大功率卧用潜水电动机转子的长度设计主要从电机定转子之间的工作间隙、转子挠度和轴瓦间隙等几方面综合考虑。从电磁设计角度考虑,定、转子之间的间隙不能过大,过大会影响电动机设计和使用的经济性,一般大功率立式潜水电动机单边间隙选为 1.5～1.7mm,卧式使用时定子直径大的、铁心长度长的选大值,也可根据转轴的强度适当加大定转子之间的间隙,而轴瓦的间隙和转轴产生的挠度之和应远小于定转子之间的工作间隙。

潜水电动机转轴的刚度计算情况比较特殊。按机械行业一般计算转轴挠度的公式:

$$f\delta = e_0(k/k_0 - 1)$$
$$k_0 = (3.5 \sim 4.5)DL/\delta$$

式中，$f\delta$ 为转轴刚度；e_0 为气隙偏心量（初始理论气隙偏心量即轴瓦与轴套的单边间隙）；k 为轴的刚度（转轴重量/由转轴重量产生的挠度）；D 为转子外径；L 为铁心长度；δ 为气隙值。

但潜水电动机的转子细长，因此计算潜水电动机转轴刚度时遇到的特殊问题是 k/k_0 小于 1，这是普遍情况。此时，$f\delta$ 计算值为负值，没有意义，它表明，k/k_0 趋近 1 时，$f\delta$ 增加得很大，潜水电动机定转子相擦。但在许多情况下，实际定转子并不相擦。因此，实际中应采用类比方法，即不计算 $f\delta$，而是对不同的转子计算出不同的 k/k_0 值，来相对比较转子的刚度，对 k/k_0 值小的，可以通过加粗轴径或分段热套转子铁心等手段来提高转轴的刚度。

在确定轴瓦与转子轴套间隙时，考虑到 F102 轴瓦遇水有一定的膨胀性，对间隙的设计影响较大，因此可进行进一步试验。试验中将轴瓦留有一定的过盈量压入导轴承座内，在恒温 15℃ 的水中浸泡，测量的轴瓦里孔直径平均统计汇总数据见表 6.5。

表 6.5　轴瓦里孔直径平均统计汇总数据

浸泡时间	浸泡前	1 天后	2 天后	3 天后	6 天后	9 天后	13 天后	20 天后
测量尺寸/mm	170.42	170.38	170.36	170.34	170.31	170.28	170.275	170.275

计算得知实测吸水后轴瓦尺寸增厚百分率不到表 6.2 的 1/2，并证明该材料吸水增厚百分率较为稳定。

综合考虑试验数据和理论计算膨胀数据，考虑轴瓦的耐磨性、使用寿命和电动机的功率大小、主要尺寸比 λ 值及卧式使用条件，根据设计经验可以设计出轴瓦与轴套的预留间隙，同时还要考虑电动机运行温升的影响，因为这一数据的选择对整个设计的影响最为关键。

F102 轴瓦与导轴承座装配时外圆应有一定的过盈量，可以用油压机压入导轴承座，用销钉进行轴向紧固后按设计尺寸加工成设计的轴瓦里孔尺寸。

F102 轴瓦冷却润滑槽可以为螺旋槽或直通槽，直通槽加工比较简单，但应注意通过倒角的设计创造利于水膜形成的条件，且装配时应注意润滑槽不应在同一轴线位置，即几个轴瓦的润滑槽不能同时位于承载区，以确保卧式电动机初始运行状态良好。

另外，在制定电机零部件的加工方案时，也应充分注意零部件的同轴度、径向圆跳动和配合面的光洁度，对于卧用大功率潜水电动机而言，保证整机同轴度尤为重要。

气隙的均匀度在很大程度上取决于定子的同轴度，即定子铁心内圆对机座两端止口中心连线的径向跳动量。制造工艺稍有不当,便会导致电机气隙不均匀,再加上卧用轴瓦带来的偏心,有可能带来严重后果。大功率卧用潜水电动机多采用以铁心内圆定位精车机座止口的工艺方案,其特点是以精车止口消除机座加工、铁心叠压和装配所产生的误差,从而达到所要求的同轴度。因此,定子的同轴度主要取决于精车止口时所用涨胎工具的精度和定位误差,精车时不宜采用径向夹紧,以免引起装夹变形。在机座零件加工时,对止口与内圆的同轴度和精度要求可放低。

径向跳动是一项综合性公差,它同时控制着同轴度和圆度的误差。通常零件的圆度误差比同轴度误差小得多,且径向跳动误差检测方便,因此,生产上常以径向跳动公差代替同轴度公差。这也相对提高了同轴度的精度。

导轴承是定子与转子之间的连接件,整机装配时依靠止口的配合精度保证电机气隙的准确度,并且要求导轴承止口装卸磨损对精度的影响小,因此,导轴承止口和轴瓦内孔应具有较低的表面粗糙度、较高的同轴度。其加工中的关键精度是止口外圆和轴瓦内孔的尺寸精度和形状精度,两者之间的同轴度及止口端面对轴心线的跳动量。一般导轴承采用立式车床加工,先通过做止口胎的方法加工导轴承座,然后压入轴瓦,再上止口胎加工轴瓦里孔,以保证图纸设计的形位公差。

由此使得卧式使用大功率潜水电动机制造中对轴的加工精度和表面粗糙度的要求相应提高。为加强转轴与轴瓦对磨部位的耐磨性能,通常在转轴上热套镀铬轴套,加工时,轴套挡外圆和铁心挡外圆应有严格的同轴度,而且转轴两端的中心孔是轴加工和修配轴套时的定位基准,必须保护。另外,转轴配合面的表面粗糙度值如果过大,配合面容易磨损,非配合面的表面粗糙度值过大,将降低轴的疲劳强度,所以应尽可能提高关键表面的光洁度。

转轴的机械性能对卧式电动机的使用寿命影响较大,为减小转子在加工后的变形,转轴坯料必须进行严格的调质处理,并提出明确适宜的硬度、抗拉强度、屈服强度等具体调质指标。

同时,对卧式大功率潜水电动机转动部件的平衡也应严格要求。较小的不平衡质量在高速转动时将会产生较大的离心力,不平衡离心力对卧式电机的影响不仅仅限于振动和噪声的影响,还会加快轴瓦的磨损,严重影响轴瓦的工作寿命,目前规定按动平衡G2.5级考核,要求等级较立式使用时高,并应尽可能减小残余不平衡量。

再次,针对潜水电动机卧式使用不同于立式使用的其他特点,可改变相关设计。

主要对原立式潜水电动机的甩砂结构进行重新设计,目的是要阻止直径方向悬浊物的进入,避免悬浊物对机械密封和轴瓦造成磨损。

总之,通过调研、设计和生产实践,最终完成了大功率卧用潜水电动机的制造,并通过反复现场使用验证该设计初步达到了令人满意的效果,轴瓦平均检修周期达到 6 个月以上。

由于对边界水膜的强度和破裂情况无法观察,同时对其工作表面磨损机理尚有一定疑问,对检修后拆换的轴瓦均出现表面疲劳剥离的老化状态的情况,还应进行进一步研究。但现有材料已不能满足使用要求,需要进行改进性研究,再次大幅度提高其平均工作寿命的可能性非常大。

6.2.2 矿井 ZQ1000-90 系列潜水电泵研发

1. 概述

3200kW 矿用潜水电泵是国内首次自行研制开发的特大型潜水电泵,自主开发的 ZQ500-90 潜水电泵水力模型效率高达 82%。以此为基础开发出 ZQ500、ZQ1000 系列潜水电泵,单级扬程达 90m,是我国第一台自主知识产权的大功率矿用潜水电泵,打破了德国 Ritz 公司 6710、6725 系列矿用大功率潜水泵在我国长达 30 余年的统治,实现了我国大功率矿用潜水电泵由引进模仿到"中国制造"到自主创新质的飞跃。

2. 主要创新点

1) 水力模型的选择

此次选择开发的 ZQ500-90 水力模型,流量大、扬程高,效率在同类产品中最高。

2) 导叶结构设计

潜水泵部分采用了正反导叶结合在一个整体上的结构,使导叶在运转过程中的径向力平衡为零。这一结构不仅提高了潜水泵的效率,更重要的是彻底纠正了 RITZ 公司 6725 在使用过程中大量导叶断裂这一致命缺陷。水泵结构的每一中段上都设有拆卸槽,便于安装、拆卸、修理,使该潜水电泵具有良好的可装、可拆及可维修性。

3) 辅助水道设计

本次潜水泵的下泵中段取消了外壳的无用流道部分,用十根长螺杆进行紧固连接,不仅降低了产品的成本,同时方便安装,减少了生产及维修费用。

4) 节流套的材质改进

节流套使用抗磨性能高的镶嵌四氟乙烯新型材料,与以往的青铜材质相比耐磨性大大提高,该技术来源于德国。

5) 整体结构

自主开发的 ZQ500-90 水力模型不仅效率高,而且单级扬程高,使得潜水泵长度大为缩短,同时因为无井径的限制,保证了流道的畅通性及良好的水利性能,大大提高了潜水电泵的效率及运行可靠性。由于单级扬程提高,减少了叶轮级数(3200kW 潜水泵的级数为 9 级,2600kW 潜水泵的级数为 7 级,对应 Ritz 公司6835 的级数为 30 级、25 级)。电泵总长为 8.57m、7.88m,与 1900kW 的 6725 相比分别短了 2.72m、2.18m。由于电泵相对粗短,其刚度和强度大大提高,更适合于矿山的粗搬运、粗安装;由于刚度的提高,该潜水泵不仅可以立式使用,而且可以卧式使用,所以是一种可以立、卧安装的两用潜水泵。

6) 拆装性

设计中充分考虑了产品的拆装需要,在零件的接合面上均预留了两个对称槽,以便顺利进行拆卸。

6.3　矿井潜水电泵运行稳定性分析

6.3.1　矿井立式运行稳定性分析

1. 大功率立式潜水电泵的轴、转子及轴承的受力分析

作用在泵轴上的载荷有如下三种:

(1) 径向力。包括由于叶轮外缘压力分布不均匀而产生的作用在叶轮上的附加径向力,以及当转子旋转时由于叶轮及联轴器不可能绝对的静平衡产生的离心力。

(2) 轴向力。包括转子的重量和多级叶轮的不平衡轴向力。

(3) 泵轴所传递的扭矩。作用在泵轴上的载荷,除了转子的重量以外,其余皆与泵的运转工况有关。径向力由向心轴承来平衡,轴向力由推力轴承来平衡,扭矩由泵轴平衡。

2. 单叶轮的临界转速

为简化问题,先研究立式单级潜水电泵的临界转速。

设重量为 W,质量为 $m=\dfrac{W}{g}$ 的单级叶轮固定在无重量的轴中央,在无阻尼情况下,如图 6.1 所示。

此时,如果叶轮重心 W 偏离立轴轴线的距离为 Δ(偏心距),而叶轮中心 C 偏离轴承连线的距离为 A(轴的动挠度),则叶轮重心偏离轴承连线的距离为 $A+\Delta$。叶轮重心 W 绕轴承连线 O 旋转,于是,重心产生的离心力为

$$F = m(A+\Delta)\omega^2 \tag{6.1}$$

由于轴的变化在弹性范围内,其作用力与应变成正比,则

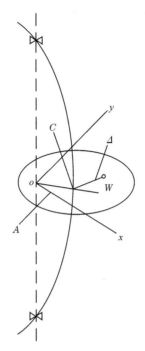

图 6.1　立轴上的单级叶轮

$$F = SA \qquad (6.2)$$

式中，S 为轴的刚性系数。

将式(6.2)与式(6.1)比较，可以得出

$$A = \frac{m\Delta\omega^2}{S - m\omega^2} \qquad (6.3)$$

当转轴的角速度增大到使动挠度 $A = \infty$ 时的角频率，便为临界角频率 ω_c，即

$$S - m\omega_c^2 = 0$$

$$\omega_c = \sqrt{\frac{S}{m}} \qquad (6.4)$$

临界转速 n_c 为

$$n_c = \frac{30\omega_c}{\pi} = \frac{30}{\pi}\sqrt{\frac{S}{m}} \qquad (6.5)$$

由式(6.4)和式(6.5)可知，即使转子不存在重心偏心距，即 $\Delta = 0$，由于有转子的质量 m 和刚性系数 S，仍可确定转子的自振角频率 ω_c。

所以从自振角频率而言，转子的临界转速与偏心距无关。

将式(6.3)与式(6.4)、式(6.5)合并，可以得到

$$A = \left(\frac{\omega^2}{\omega_c^2 - \omega^2}\right)\Delta = \left(\frac{n^2}{n_c^2 - n^2}\right)\Delta \qquad (6.6)$$

从式(6.6)可以看出,若 $n < n_c$,则动挠度 A 随着转速的增加而增大;若 $n > n_c$,则动挠度 A 随着转速的增大而减小(绝对值);若 $n = n_c$,则动挠度 A 达到最大值。

潜水电泵转子发生振动,是转轴动挠度在临界转速时达到最大值所致。因此,大功率立式潜水电泵的转子在装配前均经过反复平衡,使每个叶轮的重心 W_i 的偏心距 Δ_i 接近于零,减少动挠度 A_i,产生的离心力也很小,径向轴承仅承受很小的径向力,而大功率立式潜水电泵的轴向力由止推轴承承受。因此,大功率立式潜水电泵在运动时,其转轴的动挠度很小,不致产生较大振动,且由径向轴承平衡,运行工况安全稳定。

6.3.2 潜水电泵卧式运行稳定性分析

1. 大功率卧式潜水电泵的轴、转子及轴承的受力分析

作用在卧式潜水电泵轴上的载荷有如下三种:

(1) 径向力。包括沿叶轮外缘压力分布不均匀而产生的作用在叶轮上的附加径向力,以及当转子旋转时由于叶轮及联轴器不可能绝对静平衡产生的离心力和转子自重产生的径向力。

(2) 轴向力。主要是多级叶轮不平衡产生的轴向力。

(3) 泵轴所传递的扭矩。径向力由向心轴承来平衡,轴向力由推力轴承来平衡,扭矩由泵轴平衡。

大功率卧式潜水电泵与立式潜水电泵的轴、转子及轴承的受力状况主要区别如下:

(1) 立式潜水电泵的轴、转子的自重为轴向力,而在卧式潜水电泵则为径向力,并产生静挠度。

(2) 立式潜水电泵的径向轴承除承受径向力外,还有导向作用,而卧式潜水电泵的径向轴承承受的径向力大于立式潜水电泵,止推轴承在立式潜水电泵中承受的轴向力大于卧式潜水电泵的轴向力。因此,二者受力状况不同。

2. 卧式潜水电泵单叶轮的临界转速

将单叶轮置于无重量的水平轴中央时,可进一步探讨叶轮本身重量对临界转速的影响。

由于叶轮重量 W 会使水平轴轴心下垂至 C 点(图 6.2),由此形成静挠度 A_0(注意立式轴不存在静挠度),再加上叶轮重心偏心距 Δ,从而使叶轮重心 W 绕 C 点的旋转半径为 $A + \Delta$。

由此推导的结果与立式潜水电泵推导的结果完全相同,区别是总挠度由动挠度 A 与静挠度 A_0 叠加组成而已。因此,对于给定的转子,无论是立式运转、卧式

运转,或是任意倾角运转,其临界转速相同,由离心力引起的动挠度 A 可叠加在卧式转轴的静挠度 A_0 上,偏心距 Δ 引起的动挠度 A 的变化规律即是简谐振动中的振幅变化规律。

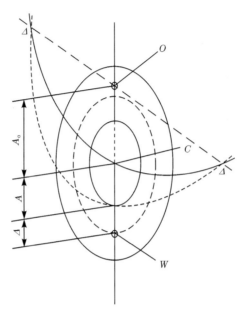

图 6.2　水平转子上的单级叶轮

3. 多叶轮的临界转速及估算

一根长度为 $4l$ 的转轴,置有两个叶轮,每一个叶轮距支承的距离均为 l,叶轮间的距离为 $2l$。显然,由于有两个叶轮偏心距产生两个离心力,会出现两个临界转速,相应地挠度曲线和刚性系数也不同。

图 6.3 中(a)是对称性的两叶轮配置,如以假想的单叶轮处于中央来算出挠度曲线,$l(=L/4)$ 处的挠度应为

$$A_1 = \frac{64Fl^3}{48EI}$$

式中,E 为弹性模量;I 为截面惯矩。

相应地轴的刚性系数、临界转速为

$$S_1 = \frac{3EI}{4l^3}, \quad \omega_{1c}^2 = \frac{S_1}{m}$$

图 6.3 中(b)是具有一个结点(挠度为零的点)时的挠度曲线,$l = \dfrac{L}{2}$,l 处的挠度应为

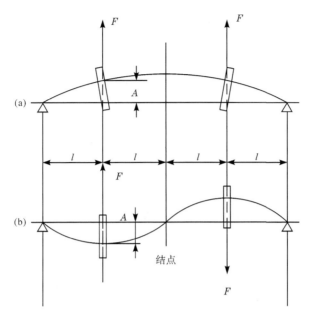

图 6.3　两个叶轮的挠度曲线

$$A_2 = \frac{8Fl^3}{48EI}$$

相应地,刚性系数、临界转速为

$$S_2 = \frac{6EI}{l^3}, \quad \omega_{2c}^2 = \frac{S_2}{m}$$

两临界转速之比为

$$\frac{n_{1c}^2}{n_{2c}^2} = \frac{\omega_{1c}^2}{\omega_{2c}^2} = \frac{S_1}{S_2} = \frac{1}{8} \tag{6.7}$$

因此,有两个叶轮荷重时,按图 6.3 配置,其第一临界转速与第二临界转速之比为 $1:\sqrt{8}$,即第二临界转速是第一临界转速的 2.83 倍。

如果两个叶轮的荷重不同,且安置在任意位置,尽管第一临界转速与第二临界转速的比值有所改变,但仍具有两个临界转速。依此类推,置有几个叶轮就有几个临界转速。

但在实践中,由于两个临界转速相隔较大(如图 6.3 的情况,临界转速相差 2.83 倍),在运转转速范围内,一般至多出现 1~2 个临界转速。

关于第一临界转速的估算,可以先由作用力 F 和动挠度 A 算出刚性系数 S,然后再按式(6.5)进行计算,即

$$S = \frac{F}{A}$$

$$n_c = \frac{30}{\pi} \sqrt{\frac{S}{m}}$$

对于集中荷重的水平轴进行第一临界转速计算,可由圆盘重量 W 来代替作用力 F,由转子静挠度 A_0 来代替动挠度 A,这样上述两个公式可改写为

$$S = \frac{W}{A_0}$$

$$\omega_c = \sqrt{\frac{W}{mA_0}} = \sqrt{\frac{g}{A_0}} \tag{6.8}$$

$$n_c = \frac{30}{\pi} \sqrt{\frac{g}{A_0}} \tag{6.9}$$

对于均布荷重(转轴的荷重)转子的第一临界转速,由于均布荷重可以缓和作用力,所以刚性系数较具有集中荷重的转子的刚性系数大,从而导致其第一临界转速也较大。反之,如双支承的转子当悬臂增添集中荷重时(如悬臂叶轮或联轴器),虽使转子的静挠度有所减小,但动挠度却增大(受偏心作用力的结果),致使刚性系数减小,临界转速减小。

由此必须指出,由静挠度求取的刚性系数适用于集中荷重,而由动挠度求取的刚性系数适用于均布荷重。然而,实际转子兼有集中荷重和均布荷重,且动挠度随转速的改变而改变[见式(6.3)],于是,引入了一个经验系数 K,即

$$n_c = \frac{30}{\pi} \sqrt{K \frac{g}{A_0}} \tag{6.10}$$

对于双支承的转子而言 $1 < K < 1.2685$,如为均布荷重则取较大的 K 值;如为集中荷重则取较小的 K 值;对于多级离心泵,根据 Bellman 建议,应取 $K = 1.08$。

6.3.3 矿井水阻尼对振动的影响

由于阻尼的存在,自由振动不可能持续,其振动经多次阻尼消耗,最后会逐渐恢复至平衡状态。因此,振动系强迫振动形成,而强迫振动又是简谐的外力所致,如偏心离心力等。所以,在水中组成强迫振动的作用力,除了惯性力 $F_{惯}$、弹性力 $F_{弹}$ 和偏心离心力 $F_{离}$ 外,还有抑制振动的阻尼力 $F_{阻}$(如介质的阻尼、摩擦的阻尼和材料内摩擦的阻尼等)。在水泵中,当然以水力阻尼为主。阻尼力 $F_{阻}$ 的大小正比于振动的位移速度 $\dfrac{dy}{d\tau}$,取决于其与阻尼比例系数 α 的乘积,而其方向则与位移速度方向相反,即

$$F_{阻} = -\alpha \frac{dy}{dx_\tau} = -\alpha \dot{y}$$

于是,重心运动方程式可写为

$$m\ddot{y} + \alpha\dot{y} + Sy = m\Delta\omega^2 \sin\omega\tau \tag{6.11}$$

由于阻尼力总是落后于离心作用力,其相位角假设为 $\omega\tau$,于是

$$y = A\sin(\omega\tau - \varphi)$$

叶轮几何中心 C 的受力平衡,如图 6.4 所示。

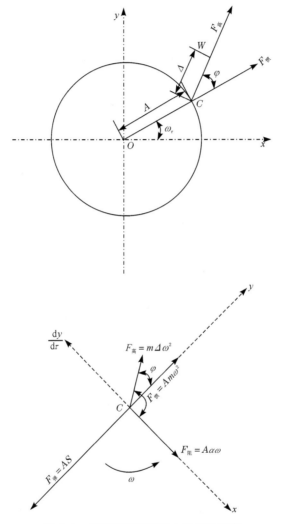

图 6.4　有阻尼时叶轮受力的矢量平衡

若以 y 为振动位移方向,则弹性力与位移方向相反,其矢量长为 AS;阻尼力则与位移的速度方向相反,而位移的速度方向超前位移 $90°$,因此其方向落后于位移 $90°$,矢量长度为 $A\alpha\omega$;惯性力与位移的加速度方向相反,而位移的加速度超前位移 $180°$,因此其矢量方向即为位移方向,矢量长度为 $Am\omega^2$。

图中四个力在任何时间均处于平衡状态,可以分别列出在 y 轴上和 x 轴上分

力的平衡式：

$$\left.\begin{array}{l} Am\omega^2 - AS + m\Delta\omega^2\cos\varphi = 0 \\ -A\alpha\omega + m\Delta\omega^2\sin\varphi = 0 \end{array}\right\} \tag{6.12}$$

将式（6.12）各自平方，解联立方程，即得

$$A = \frac{m\Delta\omega^2}{\sqrt{(S - m\omega^2)^2 + (\alpha\omega)^2}} \tag{6.13}$$

$$\varphi = \arctan\frac{\alpha\omega}{S - m\omega^2} \tag{6.14}$$

由此可知，即使在 $\omega = \omega_c$ 时，即 $S = m\omega_c^2$ 时，有阻尼情况下的动挠度 A，也不会等于无穷大，即 $A \neq \infty$[可对照式(6.3)]，而是

$$A = \frac{\Delta}{2\dfrac{\alpha}{\alpha_c}} \times \sqrt{2m} \tag{6.15}$$

式中，α_c 为临界阻尼系数。

在解式（6.11）时，不同的阻尼系数具有不同的衰减简谐曲线形状，只有当 $\alpha_c = 2m\omega_c$ 时，才标志着没有往复波，只有一条指数衰减的振幅曲线。因此把 α_c 称为临界阻尼系数，其值取决于转子质量 m 和固有自振角频率 ω_c。

于是式（6.13）和式（6.14）又可写为

$$\frac{A}{\Delta} = \frac{\left(\dfrac{\omega}{\omega_c}\right)^2}{\sqrt{\left(1 - \dfrac{\omega^2}{\omega_c^2}\right)^2 + \left(2\dfrac{\alpha}{\alpha_c}\dfrac{\omega}{\omega_c}\right)^2}} \tag{6.16}$$

$$\varphi = \arctan\frac{2\dfrac{\alpha}{\alpha_c}\dfrac{\omega}{\omega_c}}{1 - \left(\dfrac{\omega}{\omega_c}\right)^2} \tag{6.17}$$

由此可见，振幅 $\dfrac{A}{\Delta}$ 的变化规律取决于 $\dfrac{\alpha}{\alpha_c}$ 和 $\dfrac{\omega}{\omega_c}$ 的比值，如把第三者的关系用连续曲线来表示，如图 6.5 所示。

图 6.5 中可由不同的 $\dfrac{\alpha}{\alpha_c}$ 组成一束曲线，每一曲线表明了 $\dfrac{A}{\Delta}$ 随 $\dfrac{\omega}{\omega_c}$ 的变化关系。同样，也可把相位角 φ 的变化规律用一束连续曲线表示于图 6.6 中。显然存在如下情形。

（1）在下限区内，即 $\dfrac{\omega}{\omega_c} < 1$ 的范围内。

当 $\dfrac{\alpha}{\alpha_c} = 0$ 或 $\dfrac{\alpha}{\alpha_c} \to 0$ 时，则式（6.16），可写为

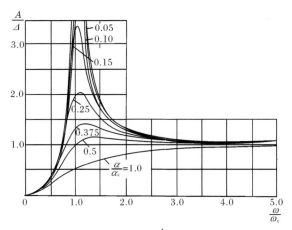

图 6.5 旋转强迫振动 $\dfrac{A}{\Delta}$ 与 $\dfrac{\omega}{\omega_c}$ 的变化曲线

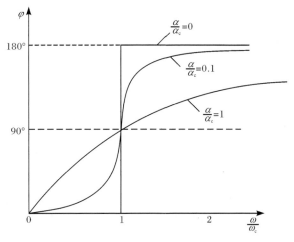

图 6.6 φ 与 $\dfrac{\omega}{\omega_c}$ 的关系曲线

$$\frac{A}{\Delta} = \frac{\left(\dfrac{\omega}{\omega_c}\right)^2}{1 - \left(\dfrac{\omega}{\omega_c}\right)^2}$$

以固有自振频率 $\omega_c = \sqrt{\dfrac{S}{m}}$ 代入，由于 $\omega < \omega_c$，有 $\left(\dfrac{\omega}{\omega_c}\right)^2 \ll 1$，于是，可简写为

$$\frac{A}{\Delta} = \left(\frac{\omega}{\omega_c}\right)^2 = \frac{m\omega^2}{S}$$

即

$$A = \frac{m\Delta\omega^2}{S} = \frac{F}{S}$$

而

$$\varphi = \arctan \frac{2\frac{\alpha}{\alpha_c} \cdot \frac{\omega}{\omega_c}}{1 - \left(\frac{\omega}{\omega_c}\right)^2} = 0°$$

由此可知,动挠度 A 相当于以激振离心力 F 除以刚度系数 S,像静态负重一样不再存在交变负重。

有鉴于离心力与振幅 $\frac{A}{\Delta}$ 在下限区并不存在相位差,因此图 6.6 中 $\frac{\alpha}{\alpha_c} = 0$ 的折线在 $\frac{\omega}{\omega_c} < 1$ 范围内,$\varphi = 0°$。

(2) 在共振区,即 $\frac{\omega}{\omega_c} = 1$。

当 $\frac{\alpha}{\alpha_c} = 0$ 时,则式(6.16)成为

$$\frac{A}{\Delta} = \frac{1}{0} = \infty$$

而式(6.17)中的 $\varphi = \arctan(\pm 0) = 0 \sim 180°$,即在 $0 \sim 180°$ 跳跃,如图 6.6 中,$\frac{\omega}{\omega_c} = 1$ 时,φ 自 $0°$ 跳跃至 $180°$。

当 $\frac{\alpha}{\alpha_c} \neq 0$ 时,则式(6.16)的分母不为 0,因此振幅 $\frac{A}{\Delta}$ 被控制在有限值上。而 $\varphi = \arctan\infty = 90°$,因此图 6.6 中所有 $\frac{\alpha}{\alpha_c}$ 线束均通过 $\varphi = 90°$ 的节点,表明相位差均为 $90°$,它与阻尼大小无关,这是典型的共振标志。

(3) 在上限区,即 $\frac{\omega}{\omega_c} > 1$。

当 $\frac{\alpha}{\alpha_c} = 0$ 或 $\frac{\alpha}{\alpha_c} \to 0$ 时,由于 $\left(\frac{\omega}{\omega_c}\right)^2 \gg 1$,式(6.16)中的 1 可略而不计,于是式(6.16)便为

$$\frac{A}{\Delta} = -1, \quad A = -\Delta = 恒值$$

可见,在此区域内的振动,是以恒值动挠度进行的,与转速无关。而其相位差,即使在 $\frac{\alpha}{\alpha_c} \to 0$ 的情况下,则为

$$\varphi = \arctan\left(-\frac{2\frac{\alpha}{\alpha_c}}{\frac{\omega}{\omega_c}}\right) = \arctan(-0) = 180°$$

它表明激振离心力与由此引起的惯性力,其方向相反而保持平衡。

上面所作的分析进一步阐明高速潜水电泵采用刚性转子比采用挠性转子为好。在不考虑阻尼情况下,式(6.16)可表示为

$$\frac{A}{\Delta} = \frac{\omega^2}{\omega_c^2 - \omega^2}$$

也可改写为($\omega_c = \sqrt{\dfrac{S}{m}}$ 代入)

$$\frac{F_{离}}{A} = \frac{m\Delta\omega^2}{A} = S\left[1 - \left(\frac{\omega}{\omega_c}\right)^2\right]$$

因而得出由激振离心力引起的动刚性系数为 $\dfrac{F_{离}}{A}$,它在 $\dfrac{\omega}{\omega_c} < 1$ 的下限区是恒值,且近似为静刚性系数 S;而在 $\dfrac{\omega}{\omega_c} = 1$ 的共振区,没有动刚性系数;在 $\dfrac{\omega}{\omega_c} > 1$ 的上限区,动刚性系数(绝对值)会随角频率的平方增大。诚然,动刚性系数越大,临界角频率也就越大。这就造成了挠性转子转速的增加受临界角频率的牵制,难以扩大降速范围。而刚性转子的动刚性系数近似地为静刚性系数 S(甚至比它小),它可在任何降速下保持静态负重的振幅运转,而不存在交变负重,从而提供了扩大降速范围的运转稳定性。而且阻尼可以减小振幅,这个问题在刚性转子中比挠性转子中更为显著,如图 6.5 所示,$\dfrac{\alpha}{\alpha_c}$ 越大 $\dfrac{A}{\Delta}$ 便越小。

这里必须指出,在有阻尼的情况下,即使运转角频率等于自振角频率,在达到共振频率时,振幅也不会无穷大(只有在空气中旋转,并认作无阻尼情况下,才会达到无穷大),而是随阻尼的增大越来越小(图 6.5)。但是,最大振幅时的角频率却随阻尼的增大而增大,我们把出现最大振幅的角频率,称为临界角频率或临界转速。一般来说,有阻尼的临界角频率(转速)稍大于共振角频率,只有在无阻尼的情况下(如在空气中)才等于共振角频率。不同的振型具有不同的临界角频率(转速),有几个振动自由度,理论上就有几个临界角频率(转速)。然而,一般来说,只研究在运转转速下可能被激励的那个临界转速。

6.3.4 矿井动、静部件之间的间隙对振幅的影响

潜水电泵内每级密封环和出口端的平衡鼓(或平衡盘),都有一定的间隙。通过这些间隙的压力水(图 6.7),正如轴承那样承托着转子,起着水轴承作用。泵轴具有一定的挠度,因重心偏离会诱发强迫振动,然而由振动引起的间隙中摩擦力的变化,又会产生一个与偏心离心作用力方向相反的水动力,这个水动力可促使偏心方向向中心复回,从而起到减振作用。

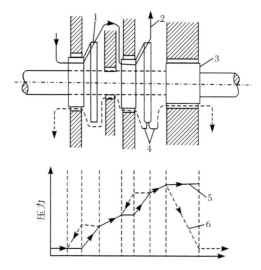

图 6.7　密封环和平衡鼓间隙中的压降示意图
1.叶轮；2.流道；3.平衡波；4.泄漏通道；5.主流；6.泄流

1. 水动力的产生

因压差通过间隙的水流，在转子转动的情况下是完全紊流状态，它主要向轴向流出，同时也有一些环轴绕流。这里，先不考虑环流的影响。在转子重心偏离距 Δ 下，产生一个位移量 y，轴封水进入轴封间隙中，致使间隙的通道表面受到额外作用力 f，形成轴面上的水动力 $F_水$。据此可以计算，从时间 $\tau = 0$ 开始，通过间隙断面为 b 的轴封水，在 x 处经一微小长度变量 $\mathrm{d}x$ 下，轴径横向位移 y 所产生的轴面水动力 $F_水$（图 6.8）。

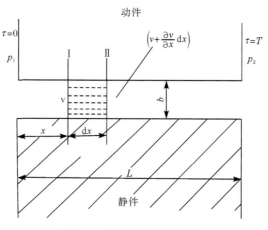

图 6.8　水动力计算示意图

设在 Ⅰ 处的流速为 v，在 Ⅱ 处的流速便为 $v+\dfrac{\partial v}{\partial x}\mathrm{d}x$。如通过的轴封水重度不变，仅以间隙 b 的改变来表示通过断面的改变，就可列出流量的连续性偏微分方程式。先假定：

（1）转子为一个集中的质量。

（2）间隙内微小体积的水重是不变的。

（3）间隙两端的压降只用于间隙中水的加速和克服摩擦阻力。

（4）进口的进入损失系数 $\xi=0.5$（一般常取用此数）。

则

$$bv-\left(bv+b\dfrac{\partial v}{\partial x}\mathrm{d}x\right)=\dfrac{\partial b}{\partial \tau}\mathrm{d}x-b\dfrac{\partial v}{\partial x}\mathrm{d}x=\dfrac{\partial b}{\partial \tau}\mathrm{d}x$$

令

$$\dfrac{\partial b}{\partial \tau}=\bar{b}$$

于是得

$$\dfrac{\partial v}{\partial x}=-\dfrac{\bar{b}}{b} \tag{6.18}$$

式中，$b=y_0$（y_0 为起始时的定值，即为原间隙的宽度）；$\bar{b}=y_0+\mathrm{d}y$。

由于推导过程过于烦琐，而我们只需了解水动力对振幅和临界转速的影响，因此，这里仅将其推导结果加以分析。推导结果的作用力为

$$f=\int_0^L \delta p\Delta \mathrm{d}x=-\rho\dfrac{L^3}{y_0}K(D)y \tag{6.19}$$

其中

$$K(D)=\dfrac{\dfrac{1}{12}D^3+\dfrac{1}{6}(3+2\sigma)\dfrac{v}{L}D^2+\left(\dfrac{3}{4}+\sigma+\dfrac{1}{3}\sigma^2\right)\dfrac{v^2}{L^2}D+\dfrac{3}{4}\sigma\dfrac{v^3}{L^3}}{D+(1.5+2\sigma)\dfrac{v}{L}} \tag{6.20}$$

式中，D 为运算子 $\left(=\dfrac{\mathrm{d}}{\mathrm{d}\tau}\right)$；$\delta p$ 为间隙两端压差，即 $\delta p=p_1-p_2=\dfrac{1}{2}\rho v^2(1.5+2\sigma)$；$\rho$ 为水的密度，即 $\rho=\dfrac{2\delta p}{v^2(1.5+2\sigma)}$；$\Delta$ 为转子质量的偏心距；R 为密封间隙的半径，即轴半径加轮毂厚度；y_0 为间隙宽度；λ 为摩擦系数；v 为进入间隙的速度；L 为间隙长度；T 为通过间隙的时间，$T=\dfrac{L}{v}$；σ 为阻力因子，$\sigma=\dfrac{\lambda L}{y_0}$。

轴面水动力为

$$F_水=\pi Rf=-\rho\pi R\dfrac{L^3}{y_0}K(D)y=-\rho\pi RL^2\dfrac{\sigma}{\lambda}K(D)y$$

$$=-\frac{\pi}{6\lambda}\left(\frac{\sigma}{1.5+2\sigma}\right)R\delta pk(D)y=-\varepsilon k(D)y \qquad (6.21)$$

式中

$$k(D)=\frac{T^3D^3+2(3+2\sigma)T^2D^2+(3+\sigma)^2TD+9\sigma}{TD+(1.5+2\sigma)} \qquad (6.22)$$

$$\varepsilon=\frac{\pi}{6\lambda}\left(\frac{\sigma}{1.5+2\sigma}\right)R\delta p$$

如果通过间隙的时间 T 比轴振动周期小很多，$k(D)$ 中可只保留 T^2 以下的数值，于是

$$K(D)=\mu_0+\mu_1TD+\mu_2T^2D^2 \qquad (6.23)$$

式中

$$\mu_0=\frac{9\sigma}{1.5+2\sigma}\quad（刚性因子）$$

$$\mu_1=\frac{(3+2\sigma)^2(1.5+2\sigma)-9\sigma}{1.5+2\sigma}\quad（减振因子）$$

$$\mu_2=\frac{19\sigma+18\sigma^2+8\sigma^3}{(1.5+2\sigma)^3}\quad（惯性因子）$$

因为惯性力是位移的二次微分，即 $\dfrac{\mathrm{d}^2y}{\mathrm{d}\tau^2}=D^2y$，因此式(6.23)中的 μ_2 称为惯性因子；同样，阻尼力是位移的一次微分，即 $\dfrac{\mathrm{d}y}{\mathrm{d}\tau}=Dy$，因此 μ_1 称为减振因子；而弹性力与位移成正比，只取决于弹性体的刚度，因此 μ_0 称为刚性因子。

从 μ_0、μ_1 和 μ_2 的比较，可以看出 $\mu_0\gg\mu_1>\mu_2$，因此，如果水轴承中的水动力仅取刚性因子 μ_0，于是

$$K(D)=\mu_0\approx\frac{9\sigma}{1.5+2\sigma} \qquad (6.24)$$

代入式(6.21)得

$$F_{水}\approx-\frac{\pi}{6\lambda}\left(\frac{\sigma}{1.5+2\sigma}\right)R\delta p\left(\frac{9\sigma}{1.5+2\sigma}\right)y$$

$$\approx-1.5\frac{\pi}{\lambda}\left(\frac{\sigma}{1.5+2\sigma}\right)^2R\delta py \qquad (6.25)$$

由此可见，式(6.25)中的"一"号，表明水动力的作用方向与振动位移 y 相反；水动力的大小正比于间隙半径 R（即轴径加轮毂厚度）、间隙两端压降 δp、振动位移 y，以及间隙中的阻力因子 $\sigma\left(=\dfrac{\lambda L}{y_0}\right)$。所以，水动力的结果，对振动位移起了返回作用，也就是使偏心位置移向中心，从而增强了转子刚性，改善了运转稳定性。为此，间隙宽度 y_0 越小，阻力因子 σ 越大，水动力 $F_{水}$ 也就越大，显得更为有利。

2. 水动力对强迫振动振幅的影响

当转子质量重心偏离的时候,在水动力参与下的无阻尼强迫振动振幅,相当于无水动力时的有阻尼强迫振动的振幅,这可从下面的推导证明。

在水动力参与下,无阻尼强迫振动微分方程为

$$m\ddot{y} + Sy = F_{水} + F_{离}\sin\omega\tau$$

即

$$m\ddot{y} + Sy = -\varepsilon k(D)y + m\Delta\omega^2\sin\omega\tau$$

用复平面参数表示为

$$m\ddot{y} + Sy + \varepsilon k(D)y = m\Delta\omega^2 e^{j\omega\tau} \tag{6.26}$$

式(6.26)的解,可用左边的齐次方程通解式与式(6.26)的特解之和组成。这里可令特解

$$y = A\sin(\omega\tau - \varphi) = Ae^{j(\omega\tau - \varphi)}$$

如式(6.13)那样解得

$$A = \frac{m\Delta\omega^2}{(S + \varepsilon\mu_0) - (m + \varepsilon\mu_2 T^2)\omega^2 + j\varepsilon\mu_1 T\omega} \tag{6.27}$$

(1) 如果把 ε、T、μ_0、μ_1 和 μ_2 都看做常数,那么式(6.27)可改写为

$$A = \frac{m\Delta\omega^2}{S_e - m_e\omega^2 + j\beta\omega} \tag{6.28}$$

其中

$$S_e = S + \varepsilon\mu_0$$
$$m_e = m + \varepsilon\mu_2 T^2$$
$$\beta = \varepsilon\mu_1 T$$

于是

$$|A| = \frac{m\Delta\omega^2}{\sqrt{(S_e - m_e\omega^2)^2 + (\beta\omega)^2}} \tag{6.29}$$

把式(6.29)与式(6.13)对比发现,式(6.29)中的 β 相当于式(6.13)中的 α,可见在水动力参与下无阻尼强迫振动的动挠度相当于有阻尼强迫振动的动挠度。由此推论,在水动力参与下有阻尼强迫振动的动挠度趋向于更为减小。

(2) 如果转子以额定转速 ω_0 运转时,由于间隙两端的压降与转速平方成正比(也就是 ε 与转速平方成正比),通过间隙的时间与转速成反比(因为 $T = \dfrac{L}{v}$,而转速与流量成正比,流量又与流速成正比,所以时间与转速成反比)。由此得

$$\varepsilon = \varepsilon_0\left(\frac{\omega}{\omega_0}\right)^2 \qquad T = T_0\left(\frac{\omega_0}{\omega}\right)$$

代入式(6.27),得

$$A = \frac{m\Delta\omega^2}{S - \bar{m}\omega^2 + j\bar{\beta}\omega^2} \tag{6.30}$$

式中

$$\bar{m} = m - \frac{\varepsilon}{\varepsilon_0}(\mu_0 - \mu_2\omega_0^2 T_0^2)$$

$$\bar{\beta} = \frac{\varepsilon_0}{\omega_0^2}\mu_1\omega_0 T_0$$

于是

$$|A| = \frac{m\Delta\omega^2}{\sqrt{(S - \bar{m}\omega^2)^2 + (\bar{\beta}\omega^2)^2}} \tag{6.31}$$

若令

$$\omega = \omega_{\bar{c}} = \sqrt{\frac{S}{\bar{m}}}$$

代入式(6.31),得最大的$|A|_{\max}$

$$|A|_{\max} = \frac{m\Delta}{\bar{\beta}} \tag{6.32}$$

很明显,最大动挠度与转子质量 m 和偏心距 Δ 成正比,与减振阻尼系数 β 成反比。这是由于水动力的作用,产生 μ_0、μ_1 和 μ_2,其中 μ_0 占主导地位,增强了转子刚性,造成转子假想质量 $\bar{m}$ 轻于实际质量 m,即 $\bar{m} < m$,从而使临界角频率(临界转速)$\omega_{\bar{c}}$ 大于额定角频率(转速)ω_0,即 $\omega_{\bar{c}} > \omega_0$。然而,当 ω_0 增大时,由于假想质量 $\bar{m}$ 受惯性因子 μ_2 增大的影响,甚至会出现 $\bar{m} > m$,结果反而增大了动挠度。此外,μ_1 形成的 $\bar{\beta}$,相当于强迫振动中的阻尼系数 α,可使动挠度减小。从计算实例图 6.9 中看出,在一定的偏心距 Δ 下,临界角频率 $\omega_{\bar{c}}$ 随着间隙的阻力因子 $\sigma\left(=\frac{\lambda L}{y}\right)$ 的增大而增大。但最大振幅 $\frac{A}{\Delta}$,却随着 σ 的增大而减小。然而在 ω_0 增大时,由于受惯性因子 μ_2 的影响,振幅不再减小,尤其在 σ 很大时更为显著。因此,产生水动力的结果是,如间隙宽度 y_0 越小和间隙 L 愈长,临界转速愈远离运转转速,则振幅减小得愈多。

$\sigma = 0.5$ 时,间隙 $= 0.50\text{mm}$。

$\sigma = 1.0$ 时,间隙 $= 0.25\text{mm}$。

$\sigma = 1.5$ 时,间隙 $= 0.166\text{mm}$。

6.3.5　矿井大功率卧式潜水电泵防振措施

大功率立式潜水电泵改装成卧式潜水电泵后,发生了振动。振动的原因大致为以下三个方面:第一,加振力过大;第二,刚度不足;第三,共振。

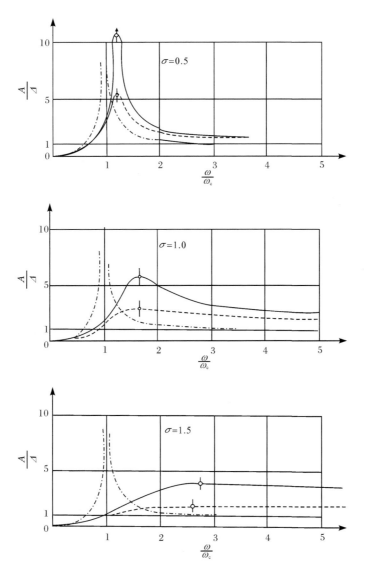

图 6.9　振幅（在各种 σ 值下）与角频率的关系

-------不考虑间隙中水的环流的影响　———考虑间隙中水的环流影响　-·-·-·-转子在空气中

1. 加振力过大引起的振动

（1）水力方面的原因：①由流量过大或过小所引起；②因吸水池内产生偏流、漩涡、淹没深度不足；③因发生冲击。

（2）机械方面的原因：①由于混入异物，堵塞引起转子不平衡；②由于超过潜水电泵容许偏心量的偏心,引起联轴器连接不当;③由于超出容许值的水平度、垂直度的偏离所引起的不良安装。

2. 刚度不足引起的振动

刚度不足引起的振动主要是潜水电泵转轴的强度不足,产生了较大的静挠度引起的。

3. 共振、自振引起的振动

(1) 泵内水流的压力脉动和泵壳的固有振动频率一致时的共振现象。
(2) 潜水电泵的运转转速与转子的固有振动频率一致时的共振现象。

4. 防振措施

大功率卧式潜水电泵振动的影响因素是复杂的,很难事先估计和精确计算。但经试验运行,可以认为有以下几点:

(1) 转子质量的不平衡或不同心,产生偏心离心力,致使动挠度增大,刚度减小。

(2) 静挠度产生甩转效应。由于轴上有几个叶轮,除中央一个叶轮以外,其他叶轮的平面都不垂直于轴承连线旋转。

(3) 动静部件之间的间隙不均匀,或配量不均匀,或受热不均匀,引起动静部件摩擦,引起抖动,又因摩擦会增大间隙,从而破坏了水轴承的作用,降低了临界转速。

根据实验运行和分析,可以采取以下措施减小振动:

(1) 增加转轴的直径,提高转轴的刚度,减小静挠度。
(2) 改装密封装置,提高动静部件之间的间隙均匀度。

通过以上改造,消除了大功率卧式潜水电泵的振动。通过实际工程运行,大功率卧式潜水电泵运行的安全性、稳定性很好。

6.4　矿井潜水电泵社会经济效益分析

秉承在实践中检验真理的思想,本书在研究我国大水地区尤其是华北、华东地区超深矿井的排水需求现状的基础上,开发设计了 ZQ 型系列潜水电泵,功率 $2600 \sim 3200kW$、流量 $1000m^3/h$、扬程 $650 \sim 810m$(可拓展到 1000m)。该装备技术涵盖了一系列先进的技术特点,包括 ZQ500-90 水力模型、正反导叶安装、立卧两用、高承载力止推轴承、潜水电机内水循环冷却结构、电机贫水自动保护技术等,以及多项专利技术(专利号:ZL200920088859.7、ZL200920088860.X、

ZL200920170304.7、ZL200920170303.2、ZL200820116616.5、ZL200820116989.2)。

通过将上述技术成果进行工业性试验运行,取得良好效果。试验表明,3200kW 大功率高扬程矿用潜水电泵整机额定工况点效率达 76%,效率高,运行寿命达 7500 小时以上,满足工业运行要求。为解决我国超深矿井的生产性抗灾和抢险排水难题提供了关键技术和装备支持。

ZQ500-90 系列潜水电泵的开发,结束了我国超深矿井大功率潜水电泵长期依赖进口的历史,实现了大功率、超高扬程潜水电泵的自主创新和完全国产化,为我国未来众多超深矿井抢险排水系统的建立提供了可靠的装备。

6.5　本 章 小 结

针对我国煤矿水灾害快速救援排水技术存在的问题,结合当前我国矿井呈现的特征,本章主要阐述了煤矿水灾害快速救援潜水电泵的研发,包括 3200kW 高压潜水电机和 ZQ1000-90 系列潜水电泵,同时从立式运行、卧式运行、矿井水阻尼、动静部件见习及潜水电泵防震 5 方面进行了矿井潜水电泵运行稳定性分析,并将技术成果加以推广应用,取得了良好的社会效益和经济效益。

第7章　煤矿水灾害快速救援预警管理体系构建

煤矿水灾害预警管理体系作为灾害快速救援的核心环节,其实质是在预警过程基础上致力于从根本上防治危机的形成及爆发,是一种对煤矿水灾害进行超前管理的系统。

7.1　煤矿水灾害预警管理体系构建原则及目标

煤矿水灾害预警管理体系的构建需要在科学理论的指导下,遵循一定原则,采用科学检测技术和手段,对危机现场内外部环境的发展变化过程进行观察、分析,同时及时发现和识别潜在的或现实的危机并发出危机警报,进而实现预期目标,以减轻煤矿水灾害的波及范围。

7.1.1　预警管理体系构建原则

快速救援工作要体现保护人员安全优先、防止和控制灾害蔓延优先和保护环境优先的原则,同时体现控制损失、预防为主、常备不懈、统一指挥、高效协调、持续改进的思想[158]。

煤矿水灾害快速救援预警管理体系的构建原则主要包括六项。

1. 及时性原则

对煤矿水灾害进行预警,即对各项可能导致灾害发生的风险因子进行连续监测,一旦达到预警指标,则立即向相关职能部门报告,再由职能部门根据灾害等级发出警报,同时采取有效的应对措施,对灾害进行科学合理的防范和应对。因此,及时性原则是构建一体化煤矿水灾害预警信息系统所要遵循的首要原则。

2. 科学性原则

科学性原则主要是采用科学的方法,注重理论与实际相结合,既能有理论支撑,又能反映灾害的实际情况。在设计煤矿水灾害预警信息系统时,不仅要有科学的理论做指导,使得系统能够在基本概念和逻辑结构上严谨合理,而且要采取定性定量的方法与现实情况相结合。

3. 全面性原则

建立煤矿水灾害预警信息系统的宗旨是对煤矿易于发生灾害的各个领域进行全面监测,及时发现异常情况,尽可能保证人员的生命财产安全。另外,全面性原则还体现在系统的总体架构方面,包括数据库、业务系统等复杂结构,需要做好全面整合和协调工作。

4. 实用性原则

实用性原则是可行性、可操作性的综合,以能够最大限度地满足实际工作要求为目标,在保证预警结果的客观性和全面性条件下,煤矿水灾害预警管理系统的设计应根据实际需要尽可能简化。

5. 高效性原则

构建煤矿水灾害快速救援的预警管理体系,就是要有效防范和应对水灾害的发生,必然要求系统以高效率为重要原则。唯此,才能对煤矿水灾害进行科学有效的防范,将损失减至最小。

6. 创新性原则

煤矿水灾害的发生往往难以预测,并且不断发生变化,这就要求煤矿水灾害预警管理系统的建设必须遵循创新性原则,创新救援系统以应对各种不同性质和种类的水灾害。

7.1.2　预警管理体系构建目标

随着政府和煤炭生产企业在安全生产方面的投入和预警管理系统的应用,煤矿在应对灾害的准备、综合救援和善后处理等方面取得了显著的成效。但目前煤矿水灾害预警管理系统的快速救援速度尚存在一定问题[159]。

因此,从煤矿水灾害预警管理系统中存在的不足考虑,预警管理系统构建应以实现下述 5 个目标为主。

1. 监测与评价人的生产或管理行为

通过监督监测井下作业人员在生产中的操作行为及管理人员的管理行为来保证煤矿的安全生产。

2. 监测与评价系统内设备状况

通过此种方法对系统内的设备进行实时监测监控,确保设备安全无故障运行。同时监测分析设备的可靠性与水灾害之间的相互关系,制定设备安全检查、维修和使用规范。

3. 监测与评价现场生产的环境

以此明晰生产中面临或可能面临的不安全环境因素。生产环境的监测主要针对生产场所的毒、尘、声、光和围岩的稳定性因素。

4. 实时监测与评价预警信息流状态

信息的采集、挖掘、辨识及传递在预警中起着至关重要的作用,对信息流进行监测和评价主要从信息采集及时性、信息挖掘辨识能力及信息传递过程中的渠道多样性等方面展开,保证在煤矿水灾害爆发时信息流的畅通和准确性。

5. 建立灾害预警管理活动的评价指标体系

以上4个目标任务的实施必须依靠预警评价指标进行,否则,预警管理系统的工作将会是一个经验的、随机的、不系统的过程。鉴于此,煤矿水灾害预警系统中的评价指标应包含有人的操作行为及管理行为,生产设备可靠性、安全性及生产环境因素安全性方面的评价指标[160],即从人、机、环、管四方面构建灾害预警管理体系的评价指标。

从预警的定义可以看出,煤矿水灾害预警管理体系的构建目标主要体现在预防和控制两方面。

(1)预防。通过对信息的准确监测将灾害控制在萌芽状态,最大限度降低煤矿水灾害产生的风险。灾害的产生虽有随机性,但冰冻三尺非一日之寒,是一个从量变到质变的过程,因此加强对信息的收集和监测,将水灾害消除在萌芽状态,是预警管理系统最重要的目标。

(2)控制。能够将水灾害在发生之前就加以消除固然最好,但由于水灾害的随机性和紧迫性等特征,作为预警必须将危机发生的情况考虑在内。因此,预警系统的另一个目标就是在水灾害发生后采取紧急措施控制其蔓延,将水灾害带来的损失尽可能降至最低。

7.2　煤矿水灾害预警管理体系构成及功能分析

构建水灾害预警管理体系的根本目的是能够在现场实现"早发现、早预警、早发布、早应对",实时发布水灾害预警和灾害预评估信息。

7.2.1 预警管理体系架构

根据煤矿水灾害预警管理体系构建目标,结合煤矿水灾害的不确定性、模糊性等特点及对整个灾害流程的剖析,可将煤矿水灾害预警管理体系分为信息收集子系统、信息分析和评估子系统、灾害预测子系统、灾害预报子系统和灾害预处理子系统[161],其架构如图 7.1 所示。

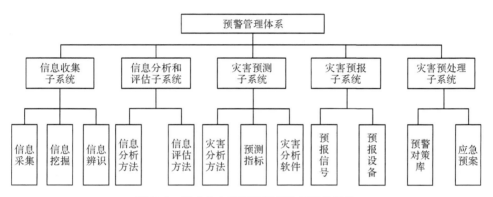

图 7.1 煤矿水灾害预警管理体系架构结构

1. 信息收集子系统

信息收集子系统是煤矿水灾害预警管理系统的输入系统[162]。主要任务是从各种信息源中收集与煤矿水灾害预警管理相关的内部和外部数据和信息,用来表征煤矿水灾害的处理状况和煤矿环境的变化,为后期的信息分析、灾害预警和预处理等活动提供数据和信息依据。

煤矿水灾害相关信息数据是进行预警分析和预警信息发布的基础,该系统可通过专门的信息采集渠道(政府相关部门、专业研究机构、新闻媒体、公众等)获取灾害原始数据信息,系统运用科学的分析方法对采集的原始数据信息进行多维度分析,从而生成及时有效的预警信息,为预警管理系统决策部门提供科学依据。

2. 信息分析和评估子系统

信息分析和评估子系统是煤矿水灾害预警管理系统的核心[163],是灾害信息的“加工厂”。主要通过对获取的信息确认、归纳、分类整理,建立动态综合分类评价指标体系进行定量定性分析,依据各类水灾害的信息来源、产生原因、影响力度和风险程度等,从中发现存在的灾害漏洞和薄弱环节,进而对其进行评估测算。

3. 灾害预测子系统

煤矿水灾害发生的时间、地点及可能造成的危害都具有不确定性,而该系统可以在某一区域对灾害进行实时监测,避免因灾害发生时公众对灾害发展态势一无所知而造成的人员恐慌现象,因此,灾害预测子系统在对各区域进行监测的基础上,应不断分析研究可能导致灾害发生的各项不安全因素并对其进行预测,一旦达到预警指标值,即可提前发布预警信息,给煤矿水灾害预警人员更多的应对时间,降低可能的损失和风险。

灾害预测子系统主要包括对灾害可能发生的类型、时间、概率进行预测分析,对发生的煤矿水灾害进行成因过程分析和发展趋势预测[164],对灾害造成的损失进行评估,最终目的是为煤矿水灾害管理提供决策支持。由于煤矿水灾害的总体评价涉及多个指标因子,是一个典型的综合判断问题,且既有定量指标,也有定性指标。因此,定量指标的确定可以利用有关数据通过计算得出。而对于定性指标,其指标值的确定相对复杂,可以通过灾害预测子系统来确定。

4. 灾害预报子系统

该系统利用官方的信息发布和传播媒介等渠道,当煤矿水灾害出现时,能够实时发布预警信息,实现预警信息的迅速传播,在灾害发生前做好应急准备。

在实际操作过程中,通常以灾害可能带来的损失程度大小为依据,将灾害分为 5 种状态等级。警戒线可以这 5 种状态的等级档次集为标准进行划分,即灾害档次集

$$V = (V_1, V_2, V_3, V_4, V_5)$$

其中,将灾害状态划分为优良状态、正常状态、低度灾害状态、中度灾害状态、高度灾害状态 5 个等级,分别用 V_1、V_2、V_3、V_4、V_5 来表示。

煤矿水灾害等级见表 7.1。

表 7.1　煤矿水灾害等级

灾害等级	V_1	V_2	V_3	V_4	V_5
灾害分布区间	[8,10]	[6,8]	[4,6]	[2,4]	[0,2]
灾害程度	优良状态	正常状态	低度灾害状态	中度灾害状态	高度灾害状态

5. 灾害预处理子系统

经灾害警报子系统对灾害等级判定后,一方面应对潜在受害者发出预警通知或警报,并依据灾害等级的大小程度向决策层汇报;另一方面,还应及时启动灾害恢复方案,灾害恢复子系统自动对灾害管理委员会所确定的备用灾害恢复方案进

行存储。

7.2.2　预警管理体系架构功能分析

煤矿水灾害预警管理体系是对灾害进行实时监测、预测、预报及预控的基础管理工具[165]，是保证煤矿安全生产系统功能与秩序处于可靠、可控状态，保障煤矿安全的一种管理行为模式。

煤矿水灾害预警管理体系的总体功能是对预警对象、预警范围中的预警指标等关键因素进行分析，获取预警信息，以便评估水灾害的严重程度，进行水灾害预处理。其主要功能如下。

1. 实时监测

煤矿水灾害的特征决定了灾害发生的时间、地点及可能造成的危害具有高度不确定性，因此，该系统应对井下生产运作全过程进行灾害实时监测。在对煤矿水灾害进行实时监测的同时，还应全面研究导致煤矿水灾害发生的不安全因素并对其进行预测[166]，以预警指标系数为底线，一旦越过底线即可提前发布预警信息，为预警人员降低灾害损失和风险提供充裕的时间。

2. 数据采集和分析

全面而精确地搜集煤矿水灾害相关数据是成功实施预警分析和发布的关键，预警管理系统拥有专业的数据采集渠道，可从政府部门、专业研究机构、新闻媒体等权威部门获取灾害原始数据信息。该系统采用科学的分析方法对数据进行多维度、全方位的分析，生成高效及时的预警信息，为预警管理系统决策部门提供科学依据。

3. 预警发布

通过官方渠道及传播媒介等方式发布信息，在煤矿水灾害出现时，该系统能实时发布预警信息，实现预警信息的迅速传播，在灾害发生前做好应急准备。

4. 辅助决策

预警管理系统对灾害的总体态势做出全面性的预测和预报，以便做出科学、及时、准确的应急对策，可作为预警时灾害管理的决策支持系统。

5. 灾害控制

灾害控制即应急预案功能，系统根据所发布的预警信息确定水灾害警情，以此为据从基础数据库中选择相应的应急预案，发生灾害矿区协调相关部门对灾害实施应急方案,以缓冲灾害造成的危害并对灾害加以控制。

7.3　煤矿水灾害预警管理体系子系统
流程分析及其构建

煤矿水灾害预警管理体系运营需要 5 个子系统之间相互协调运作,它们之间通过网络技术和数据库技术连接,以实现系统的有机集成,从而对煤矿水灾害进行有效管理[167]。

7.3.1　预警管理体系子系统流程分析

1. 信息收集子系统流程分析

信息收集子系统作为煤矿水灾害预警管理系统的首要子系统,主要通过对煤矿历史监测数据挖掘建立数据融合模板[168],在监测数据融合过程中,将新获取的监测数据输入系统中,查询数据库确定该组数据的融合结果是否已经存入库中,若已存入库中则直接输出库中存储结果;如果输入数据在数据库中没有历史记录,则将其输入数据融合模板中获得融合结果,并将输入数据与融合结果一并存入数据库中,以改善库中数据的清晰度和完整度[169],通过不断完善数据库来提高数据挖掘效率。

信息收集子系统的最大特点是周期性。在每次新的有代表性监测数据输入系统时,若数据融合模板与该组数据匹配发现输出误差超出限制,则可指令预警系统调整到下一个周期继续工作。经数据挖掘模块不断存储大量的新数据,系统重新建立融合模板,并通过该模板融合新的数据。如此循环工作,不断进行自我完善,融合模板精确度不断提高,数据库也更加完备,将大大提高该系统的工作效率。该子系统运作流程如图 7.2 所示。

2. 信息分析和评估子系统流程分析

信息分析和评估子系统的主要功能是实现对煤矿水灾害的信息分析和评估。对灾害信息的过滤、分析和研究是最重要的工作,需要从不同层面和不同角度进行检查、剖析和评价,但总的流程大致相同,主要步骤如下:

(1)技术人员初步分析。获取灾害信息后,对信息进行初加工,用网络检索、现场核实等方式初步了解信息的真假[170]、影响范围和灾害产生原因,并判断信息风险影响程度,确定后转入专职人员分类比对。

(2)专职人员分类比对。应设立专职人员进行行业分类、区域分类,在分类基础上对初步分析后信息的真实性进一步对比分析,在更多、更全、更高的信息层面

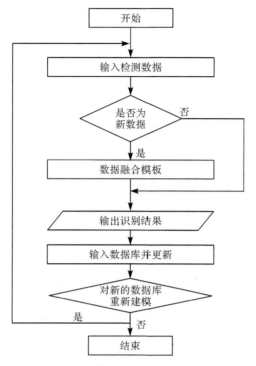

图 7.2　信息收集子系统流程

确立灾害的区域性状况，建立数据模型，定量分析信息风险程度，为信息分析评估提供数据基础。

（3）全面评估、确立等级。

本书拟建立的风险分析评估体系将以风险信息影响层面为评估标准，采用数据模型定量分析信息风险程度，从而确立风险等级。主要流程如图 7.3 所示。

3. 灾害预测子系统流程分析

基于煤矿水灾害发生的突然性、意外性和不确定性特点，灾害预测子系统主要采用支持向量机、灰色预测、定性预测方法、回归预测方法及时间序列分解法等方法对煤矿水灾害可能发生的类型、时间范围及概率进行预测分析[171]，并记录分析结果，为煤矿水灾害预警管理系统的预报子系统判断各指标或因素是否超过警戒线及是否发出警报提供决策参考。

其主要流程如图 7.4 所示。

4. 灾害预报子系统流程分析

灾害预报子系统是在已划分好的灾害等级的基础上设置警号灯，红、橙、黄、

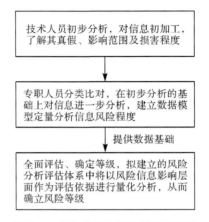

图 7.3　信息分析和评估子系统流程

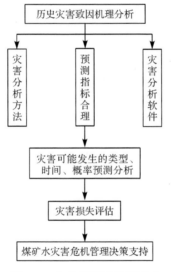

图 7.4　灾害预测子系统流程

蓝、绿分别代表等级 V_5（高度灾害状态）、V_4（中度灾害状态）、V_3（低度灾害状态）、V_2（正常状态）、V_1（优良状态），针对灾害预测子系统对灾害发生的类型、时间及概率的分析结果，根据其可能带来的损失程度，灾害警报子系统对其等级进行界定，使用相应的警号指示灯。

5. 灾害预处理子系统流程分析

当报警子系统出现黄灯、橙灯或红灯时，预警人员应做进一步研究判断，以防灾害产生。在煤矿水灾害预警管理体系预警信号的基础上，进入预警机制的应急预处理措施阶段。

　　预警处理措施是根据煤矿水灾害预警管理系统实施过程中灾害警报子系统提出的信号显示进行分析,针对其所代表的灾害级别,采取的解决和减轻煤矿水灾害的一系列办法和措施的总称。煤炭生产企业在建立应急预处理子系统时可事先建立一个预警对策库。

　　预警对策库是事先准备好的、在各种水灾害风险条件下的应急对策集合。煤矿预警系统一旦发出灾害预报,则应根据预警信息类型、性质和警报的程度自动采用相应对策[172]。预警对策库中的对策大多是思路性、提示性的,目的在于预警系统警报发出时,井下现场作业人员可按照预警对策系统的提示,根据实际去寻求更实用、有效的实施方案。

　　灾害预处理子系统流程如图 7.5 所示。

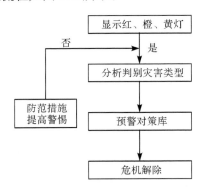

图 7.5　灾害预处理子系统流程

7.3.2　预警管理体系整体流程构建

　　煤矿水灾害预警管理体系是一个动态和复杂的整体,5 大子系统作为整个系统的相互作用结构和功能单位,相互联系、相互影响,整体流程如图 7.6所示。

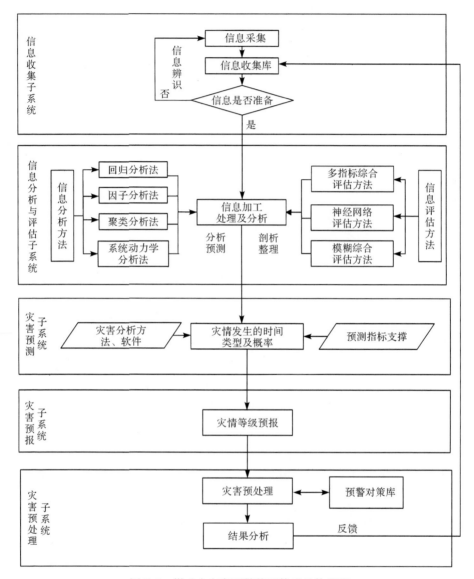

图 7.6　煤矿水灾害预警管理体系整体流程

7.4　本章小结

　　本章首先通过对煤矿水灾害的分析,提出了煤矿水灾害预警管理体系构建的原则和目标;其次,描述了煤矿水灾害预警管理系统包括信息收集子系统、信息分析和评估子系统、灾害预测子系统、灾害预报子系统和灾害预处理子系统等五部分,构建了煤矿水灾害预警管理体系的组成框架;最后,构建了煤矿水灾害预警管理体系运营流程总体模型,通过实证为煤矿水灾害预警管理体系可靠性分析及评价提供了研究方法支撑和理论支持。

第8章 煤矿水灾害预警管理体系可靠性分析

煤矿水灾害的预警管理是一个复杂的过程,主要包括灾害的预测评价、灾害等级划分及预警结果的发布三个阶段。由于水灾害的动态性,需要进行煤矿水灾害预警管理体系可靠性分析,实现动态、系统和全面的预警和预防,不断提高整个体系的可靠性。

8.1 煤矿水灾害预警管理体系可靠性分析基本理论

煤矿水灾害预警管理体系作为一个完整的系统,其内部任意一个子系统一旦出现故障,不仅会导致该环节停工,而且可能会使整个预警系统瘫痪,无法正常预测灾情。所以,研究该预警系统的可靠性对提高设备的使用率、减少故障率,提高整个预警管理体系的运行效率具有重要意义[173]。

为此,本章通过分析已构建的煤矿水灾害预警管理系统,找出影响预警体系的关键因素,针对性地制定提高整个预警体系可靠性的措施,建立煤矿水灾害预警管理体系可靠性评价模型,并进一步提出优化措施。

8.1.1 预警管理体系可靠性基本概念

可靠性(reliability)是指具有某种特定功能的单元或者系统在规定的条件和规定的时间内完成特定功能的能力。煤矿水灾害预警管理体系的可靠性应理解为,在规定的时间间隔内和给定的预警能力的范围内,系统能够发挥其预警功能。可靠性有狭义和广义两种解释,狭义的可靠性是指具有某种特定功能的单元或者系统在某一个规定的时间内发生失效的难易程度;而广义的可靠性是指具有某种特定功能的单元或者系统在其整个寿命周期内完成规定的功能的能力。因此,可靠性定义中包含三个主要因素,即规定的条件、规定的时间和规定的功能。

8.1.2 预警管理体系可靠性的目标与意义

煤矿水灾害预警管理系统作为灾害救援过程的核心环节,上接灾前准备系统,下续灾情救援系统,在整个煤矿水灾害救援系统中处于承上启下的地位。其中各个子系统运行的可靠性是保证煤矿水灾害预警体系顺利进行的关键因素。如果煤矿水灾害预警管理体系子系统在预警阶段中出现故障而不能及时排除,会对整个煤矿水灾害救援产生很大的影响,不能高效及时地对煤矿水灾害进行救援。另外,煤矿水灾害救援的整个过程会出现各种各样意想不到的新险情,因此,整个煤矿水灾害预警管理系统起着至关重要的作用,把握好这一环节,才能够保证整个系统安全可靠地运行,提高煤矿水灾害救援的效率。

煤矿水灾害预警管理系统的可靠性目标主要有[174]以下三个:

(1) 保证预警设备安全可靠地工作,减少设备在运行过程中的不可靠因素,提高设备的工作效率。

(2) 对煤矿水灾害预警过程中的各种不安全因素进行预防和控制,将该阶段的不安全性降至最低。

(3) 及时高效地发布煤矿水灾害预警信息,保证全部预警人员能准确无误地接收到预警信息。

对煤矿水灾害预警管理系统的可靠性进行管理的意义在于[175]以下两个方面:

(1) 高效及时地对煤矿水灾害进行救援。如果整个煤矿水灾害预警系统是一个不可靠的系统,煤矿不安全事件和故障时有发生,势必导致整个煤矿水灾害的救援过程效率低下。

(2) 对煤矿水灾害预警阶段的各种不安全因素进行管理和控制,有利于预警信息的正确发布,提高整个系统的安全性,避免各种意外事故的发生,以免造成更大的损失。

8.2 煤矿水灾害预警管理体系的可靠性指标及其评价

由于煤矿水灾害预警系统的特殊性,既要保证整个煤矿水灾害预警管理体系的可靠性,又要保证整个系统的安全性,但是系统安全性一方面需要系统可靠性作为基础,另一方面更需要安全管理作为保障。煤矿水灾害预警系统的安全管理主要基于煤矿地下作业和垂直高空作业的安全管理,可以参考煤矿安全生产规程进行管理。本章重点对系统的可靠性问题进行研究[176]。

8.2.1 预警管理体系可靠性指标体系构建

对煤矿预警管理体系进行可靠性评价,已有的研究文献大多是从管理控制的角度进行的,但其所构建的指标范围宽泛,致使可靠性评价指标的设置不太合理。因此,有必要结合预警管理体系本身的特点,以保证指标体系设置和评价结果的科学性和合理性。

本书中,可靠性评价指标体系主要设置了人、机、环境等要素,采用物的可靠性、人的可靠性等指标来构建指标体系评价可靠性状况及分析危险因素,评价结果体现出较强的模糊性[177]。

在建立可靠性指标体系时,必须以煤矿水灾害预警管理体系安全性为主,在此基础上考虑整个系统的可靠性[178]。鉴于此,预警系统的可靠性指标可从预警管理体系的 5 个子系统方面进行构建。

(1) 在信息收集子系统方面,主要考虑信息挖掘与辨识能力、信息收集渠道多样性及信息采集及时性。其中,信息辨识能力主要指辨别信息真假的能力,信息收集渠道主要包括相关媒体、官方网站、政府部门等。

(2) 在信息分析和评估子系统方面,主要从信息数据处理能力、技术人员信息分析能力、信息评估指标合理性及灾害评估能力考察该子系统的可靠性。其中,灾害评估能力不仅对灾害损失进行评估,还对灾害危险性和经济费用进行评估。

(3) 在灾害预测子系统方面,主要从灾害预测方法的合理性、灾害预测结果的准确性及人员专业化水平等方面分析其可靠性程度。其中,灾害预测方法主要涉及支持向量机、灰色预测、定性预测方法、回归预测方法及时间序列分解法等,灾害预测结果准确性主要指灾害等级和概率预测的准确性。

(4) 在灾害预报子系统方面,主要从人员快速救援能力、灾害监测预报及时性及预警设备完好性 3 方面评价其可靠性。

(5) 在灾害预处理子系统方面,主要从灾害预处理措施合理性、预警人员技术能力、灾害预处理及时性及预处理设备先进性 4 方面评价该子系统的可靠性。

由以上对各指标的分析可得出煤矿水灾害预警管理体系可靠性评价指标体系如图 8.1 所示。

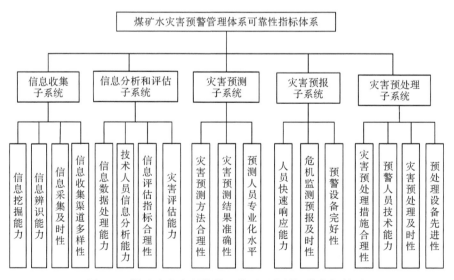

图 8.1　煤矿水灾害预警管理体系可靠性评价指标体系

8.2.2　预警管理体系可靠性评价

本书对煤矿水灾害预警系统可靠性的评价采用的是物元模型评价方法——可拓评价方法[179]。物元模型是以事物、特征及事物关于该特征的量值三者所组成的三元组,能够直观反映综合评价质和量的内容与关系,将定性指标定量化。

1. 煤矿水灾害预警管理系统的可靠性物元模型

可拓学主要研究事物可拓性,以及可拓规律和方法用以解决矛盾问题。

可拓学中最基本的概念是物元(matter-element),它是描述事物的基本元,以有序的三元组表示。

$$R = (N, C, V) \tag{8.1}$$

式中,N 为事物;C 为事物的特征名称;V 为事物特征的量值。这 3 者称为物元的 3 要素。

设煤矿水灾害预警系统可靠性评价的定性指标有 m 个,即为 $c_1, c_2, \cdots, c_m$,由专家或统计聚类分析,以上述指标为基础,将煤矿水灾害预警管理系统的可靠性定量地分为 n 个标准模式或等级,定性、定量综合评价物元模型具体描述如下(称为"经典域"):

$$R_{0j} = \begin{bmatrix} N_{0j} & C_1 & V_1 \\ & C_2 & V_2 \\ & \vdots & \vdots \\ & C_n & V_n \end{bmatrix} = \begin{bmatrix} N_{0j} & C_1 & (a_{0j1}, b_{0j1}) \\ & C_2 & (a_{0j2}, b_{0j2}) \\ & \vdots & \vdots \\ & C_n & (a_{0jm}, b_{0jm}) \end{bmatrix} \tag{8.2}$$

式中,R_{0j} 为第 j 级可靠性的物元模型;N_{0j} 为第 j 级可靠性($j=1,2,\cdots,n$);$V_{0jk} = (a_{0jk}, b_{0jk})(k=1,2,\cdots,m)$ 为可靠性是第 j 级时第 k 个评价指标 C_k 的量值范围。

煤矿水灾害预警管理系统可靠性评价各指标的允许取值范围形成的物元模型(称为"节域")为

$$R_p = \begin{bmatrix} N_p & C_{p1} & V_{p1} \\ & C_{p2} & V_{p2} \\ & \vdots & \vdots \\ & C_{pm} & V_{pm} \end{bmatrix} = \begin{bmatrix} N_p & C_{p1} & (a_{p1}, b_{p1}) \\ & C_{p2} & (a_{p2}, b_{p2}) \\ & \vdots & \vdots \\ & C_{pm} & (a_{pm}, b_{pm}) \end{bmatrix} \tag{8.3}$$

式中,R_p 为可靠性综合评价物元模型的节域;N_p 为煤矿水灾害预警管理系统的可靠性的全体等级;$V_{pk} = (a_{pk}, b_{pk})$ 为待评煤矿水灾害预警系统 N_p 中指标 C_k 取值允许范围;$V_{0jk} \subset V_{pk}, j=1,2,\cdots,n; k=1,2,\cdots,m$。对待评煤矿水灾害预警管理系统,把所检测得到的数据或分析结果用下面的物元模型表示:

$$R = \begin{bmatrix} N & c_1 & v_1 \\ & c_2 & v_2 \\ & \vdots & \vdots \\ & c_n & v_n \end{bmatrix} \tag{8.4}$$

式中,N 为待评可靠性;v_k 为待评煤矿水灾害预警管理系统的第 k 个指标的评价值。

2. 煤矿水灾害预警管理系统可靠性的可拓学评价方法

在建立了上述煤矿水灾害预警管理系统可靠性的可拓评价物元模型后,还应评价待评系统可靠性的优劣性及确定其可靠性等级水平。此外,还需构建待评物元模型并计算待评物元模型经典域的"接近度"[180]。但其计算方法多种多样,本书根据指标体系的特点,运用可拓理论中的初等关联函数计算方法来计算"接近度"。

令

$$\rho(v_k, V_{0jk}) = \left| v_k - \frac{a_{0jk} + b_{0jk}}{2} \right| - \frac{b_{0jk} - a_{0jk}}{2}, \quad k = 1, 2, \cdots, m, \quad j = 1, 2, \cdots, n \tag{8.5}$$

$$\rho(v_k, V_{pk}) = \left| v_k - \frac{a_{pk} + b_{pk}}{2} \right| - \frac{b_{pk} - a_{pk}}{2}, \quad k = 1, 2, \cdots, m, \quad j = 1, 2, \cdots, n \tag{8.6}$$

式中,$\rho(v_k, V_{0jk})$,$\rho(V_k, V_{pk})$ 分别表示点 v_k 与区间 V_{0jk},V_{pk} 的"接近度"。例如,$\rho(v_k, V_{pk}) \geqslant 0$,表示 v_k 不在区间 V_{pk} 内;$\rho(v_k, V_{pk}) \leqslant 0$,表示 v_k 在区间 V_{pk} 内,且不同的负值说明 v_k 在区间 V_{pk} 内的不同位置,令

$$D(v_k, V_{pk}, V_{0jk}) = \rho(v_k, V_{pk}) - \rho(v_k, V_{0jk}) \tag{8.7}$$

表示量值 v_k 与区间 V_{0jk}、V_{pk} 的"位值",令

$$K_j(v_k) = \frac{\rho(v_k, V_{0jk})}{\rho(v_k, V_{pk}) - \rho(v_k, V_{0jk})}$$
$$= \frac{\rho(v_k, V_{0jk})}{D(v_k, V_{pk}, V_{0jk})}, \quad j = 1, 2, \cdots, n, \quad k = 1, 2, \cdots, m \tag{8.8}$$

式中,$K_j(v_k)$ 表示待评物元的第 K 个评价指标 c_k 关于第 j 级可靠性的关联度,$-\infty < K_j(v_k) < \infty$。$K_j(v_k) > 0$ 表示 v_k 属 V_{0jk},$K_j(v_k)$ 越大说明 v_k 具有 V_{0jk} 的属性越多;$K_j(v_k) \leqslant 0$ 表示 v_k 不属于 V_{0jk},$K_j(v_k)$ 越小说明 v_k 离区间 V_{0jk} 越远。

由此可得出待评的煤矿水灾害预警管理系统的可靠性评价指标与各个可靠性等级的关联度矩阵 $K = [K_j(v_k)_{\max}]$,根据此关联矩阵计算:

$$\max_{1 \leqslant j \leqslant n} K_j(v_k) = K_{i_0}(v_k) = K^*(v_k), \quad k = 1, 2, \cdots, m \tag{8.9}$$

则 $K_{i_0}(v_k)$ 表示待评物元系统的第 k 个评价指标处于第 i_0 可靠性等级，由 $K_{j_0}(v_k)$ 可评价待评系统的可靠性优劣。

若 $a_i\left(\sum\limits_{i=1}^{m}a_i=1\right)$ 为评价指标的权系数，则待评物元系统与第 j 级可靠性关联度为

$$K_j(R) = \sum_{i=1}^{m}a_iK_j(v_i), \quad j = 1,2,\cdots,n \tag{8.10}$$

计算

$$K_{j0}(R) = \max_{1\leqslant j\leqslant n}K_j(R)$$

由此可知待评系统的可靠性等级为第 j_0 级。在原有的物元模型中，权值 a_i 使用平权处理。

8.3　煤矿水灾害预警管理体系的可靠性控制与提升

可靠性管理是指系统为了实现既定的可靠性目标而进行的各项管理活动的总称。可靠性对于煤矿水灾害预警管理系统至关重要，对系统可靠性的控制与提升是整个系统管理的重要内容之一。

8.3.1　预警管理体系可靠性控制特点

控制与提升煤矿水灾害预警管理体系可靠性，必须结合灾害发生的规律和预警的基本要求，从可靠性评价中找出关键环节，从关键点出发，有针对性地进行预警信息的发布，进而形成一套完整的预警管理体系，提升其可靠性。

针对煤矿水灾害致因的分析，本书中煤矿水灾害预警管理体系可靠性主要体现在预警管理体系的前瞻性、科学性、高效性、灵活性和参与性 5 个方面[181]。因此，全面把控以上特点对控制与提升预警管理体系的可靠性至关重要。

1. 预警管理体系的前瞻性特点

前瞻性是预警管理体系首先要考虑的，也是其可靠性的重要体现之处。预警要有忧患意识，做到未雨绸缪。引发煤矿水灾害产生及事态持续扩大的关键问题在于危机主体缺乏一定的防范意识和有效的预控能力。预警管理体系的前瞻性对有效构建煤矿水灾害预警管理体系，减少煤矿水灾害伤亡损失[182]，提升其可靠性起着至关重要的作用。

2. 科学理论方法的指导特点

科学性主要指在预警管理中应将可能发生的煤矿水灾害真实客观地反映出

来，并进一步揭示其内部各个子系统的内在机理和必然发展要求，运用科学的方法分析判断灾害的属性[183]、扩散范围及所带来的负面影响，并遵循科学设定的程序规范进行报警，进而做出最有效的预警预案，使煤矿水灾害负面影响降至最低。

3. 预警体系高效、快速特点

高效性指预警体系效率高、反应及时、数据精确，能达到系统期望的满意效果，进而稳固了系统可靠性。从管理学层面分析，预警效率是指在规定时间内，组织预警的投入产出比。这里的产出就煤矿水灾害而言，主要指各类救援设备的利用率、人员伤亡人数。由于煤矿水灾害给国家、社会、家庭造成的影响深重，所以，做好对该系统的提醒和警示至关重要，既要抓住问题的关键，解决灾害的主因及根源[184]，还要善于运用高科技手段实现煤矿水灾害预警管理体系设备自动化、系统网络化、信息数字化的管理。

4. 预警管理体系的灵活性特点

报警和排除警情是煤矿水灾害预警管理体系的两大核心功能。因此，预警系统要具备相当高的灵敏度，以保证预警指标反映灾害发展程度的客观性、及时性及准确性。灵活性一方面是指根据煤矿水灾害的高度不确定性，预警方案应具备一定的随机应变能力；另一方面体现在危机管理程序中的弹性原则，即当出现煤矿水事故等紧急情况应特殊处理，以免造成更大伤亡[185]。

5. 公众参与性特点

预警体系的构建要从公众的利益出发，重视公众的作用和巨大潜力，明确公众参与预警文化的责任与权利并保障公众行使这种权利。现代管理思想的核心是以人为本，要求管理者把调节、控制和管理人的行为看做是管理整个系统的中心和关键，把调动人的积极性和创造性看做是做好整个管理工作的根本。要想构建一个资源高效利用、设备先进，预警救灾快而准的煤矿水灾害预警管理体系，离不开整个预警体系内部人员的参与。同样，构建一个应对多元危机、责任落实到位、人人都是安全员的预警体系，必须贯彻公众参与性原则，形成具有高效且有实际意义的预警文化，不断促进煤矿水灾害预警管理体系的发展。

8.3.2 预警管理体系可靠性控制与提升策略

通过煤矿水灾害预警管理体系可靠性控制与提升致因分析，结合煤矿水灾害预警管理体系本身特点，对煤矿水灾害预警管理体系可靠性控制与提升[186]应做好以下几方面工作。

1. 培养预警人员的危机意识

培养井下作业人员的危机意识是灾害管理得以有效实施的根本前提,培养灾害意识,从其具体内容和所具备功能上来说应该是建立预警管理系统的一项先决条件。树立井下作业人员危机感不仅要求员工对水灾害有清楚的认识,还需要员工以高度负责的心态时刻对可能面临的各种危机提高警惕。

2. 加强矿区人员的安全意识

可靠性的提升直接体现在人员安全方面。在日常的管理和培训过程中,应加强员工的安全责任意识;在演习过程中应加强灾害的反应能力、协调配合能力、救援能力等方面的练习。除此之外,对于现场的控制能力更是关键一环,具体体现在接到信号后的快速反应、救援力量的即刻到位、疏散工作的有序进行等,这样才能在预警现场更加充分地发挥作用,及时排除煤矿水灾害预警管理过程中的故障,提高预警管理系统的可靠性。

3. 规范煤矿水灾害预警流程操作

煤矿水灾害预警管理流程的不规范操作严重影响着整个煤矿水灾害预警管理的进度,进而会影响整个救援过程。因此,实施预警管理操作规范化,保证预警系统内部各个子系统、各个管理层次在信息传递与沟通方面的高效性,使得决策和应急措施的准备都以最快的速度做出反应和安排,进而设置科学合理的操作流程至关重要[187]。

4. 制定可靠性预警管理措施

在煤矿水灾害预警管理过程中,不可避免地会出现事故。根据以往的经验及煤矿水灾害预警的特点,必须事先制定一整套应对可靠性事故的预警措施对煤矿水灾害预警的整个过程管理,特别是对各预警子系统的协调,把预警过程的各子系统的活动协调理顺,从根本上减少可靠性事故的发生。对各环节的可靠性进行严格控制,能从整体上控制和降低整个系统的可靠性事故的发生,尽可能降低可靠性事故带来的不利影响。

5. 加强煤矿水灾害预警管理系统的可靠性设计

对预警管理过程中的各预警子系统进行定期或不定期的可靠性检查,有利于及时发现可靠性隐患并采取措施[188]。

6. 建立预警系统监控煤矿设备体系

为了使设备管理人员随时了解设备的运行状况,预警系统监控依靠信息技术将系统监控与设备相连可实现自动化控制。

7. 加强煤矿机械设备的日常维护

首先,将设备的日常维护落实到人,并且在检修过程中要有专业人员的参与,以避免事故的发生。其次,机械设备的日常维护还需人力和物力支持,一些煤矿为了增加产量,往往忽视对机械设备的维修,极易出现带病作业的情况,故障发生的概率随之上升。最后,煤矿机械设备维护常常在不影响正常生产的条件下进行,因此应把预防与计划维修相结合,从而避免灾害发生。

8. 完善现场环境控制预警管理体系

改善煤矿现场环境,不仅能最大限度地提高采煤工效,还对提升煤矿水灾害预警管理水平有着积极意义。完善采煤现场环境的控制主要应做好以下几方面工作:一是控制井下温度。由于井下开采深度、煤层氧化及大型电机设备的使用等原因,井下温度一般较高,应采取加强通风、散放制冷剂等措施做好降温工作。二是控制井下湿度。井下湿度过高将对工人的工作效率、井下环境产生很大影响,应采取加强通风、加强排水、铺设吸水材料等措施控制井下湿度。三是控制井下空气质量。矿井空气中氧气、一氧化碳、二氧化碳、瓦斯等气体的浓度对煤矿安全生产、劳动工效及工人的身体健康影响巨大,尤其是井下粉尘,是煤矿职业病的祸源,严重影响工人的劳动积极性和劳动效率。应采取煤层预注水、增加内喷雾装置、工人佩戴防尘面具等措施加以改善[189]。

9. 切实提升煤矿水灾害预警管理信息化水平

信息化建设对煤矿水灾害预警管理有着重要的战略意义。首先,在信息化建设中加强对井下作业人员的视频监控,降低煤矿的安全生产事故率,同时规范井下作业人员的行为。其次,通过使用传感技术对煤矿开采现场中出现的危险因素及各种数据信息进行实时动态数据采集,并采用 Internet 进行数据传输,能够对煤矿的危险源进行实时远程监控并实现自动预警功能。最后,建设以节约成本、提高煤矿生产安全性与效率性为核心目标的集成式信息管理平台。结合煤矿信息网络环境的特点,以兼容性和先进性为基准采用符合煤矿实际情况的软件技术。

8.4　本章小结

　　本章首先基于第 7 章对预警管理体系运营流程的分析,阐述了煤矿水灾害预警管理系统可靠性的目标及意义;其次,针对上述预警管理体系的 5 大子系统建立可靠性评价指标体系,采用可拓学理论构建该系统的可靠性评价物元模型,对煤矿水灾害预警管理系统的可靠性进行了评价;最后,通过对评价结果的分析,找出预警管理体系的瓶颈环节,为后续信息共享平台的搭建提供思路,在此基础上提出预警管理体系可靠性控制与提升建议,从而最终实现提高煤矿水灾害预警管理系统的可靠性目标。

第9章 煤矿水灾害预警管理体系
信息共享平台设计

煤矿水灾害预警管理体系各项功能的有效实现不仅依靠较高的系统可靠性，还需要信息共享平台作为信息技术支撑，将 3DGIS 技术、网络技术、计算机技术、信息技术和煤矿预测技术相结合。

根据煤矿生产实际建立一个全面的煤矿水灾害预警管理体系信息共享平台，对于提高煤矿水灾害的应急预测能力，改善煤矿的安全生产管理水平具有重要意义。

9.1 煤矿水灾害信息共享平台设计原则及目标

9.1.1 信息共享平台设计原则

根据煤矿水灾害管理系统的特点，在设计时应遵循以下原则[190]。

（1）集成化原则。应能将多种技术（数据库、数据传输技术、GIS 等）融为一体，集成管理煤矿安全生产所需的空间数据信息及所涉及的文件资料，以实现各子模块系统信息的集成与共享。

（2）实用性原则。建设煤矿水灾害预警管理体系信息共享平台，首先应考虑到系统的实用性。鉴于煤炭生产的特殊性，信息共享平台的设计要结合各煤矿自身特点，使设计能满足煤矿水灾害预警管理的基本要求，力求系统结构简洁实用。

（3）标准化原则。由于信息共享平台承载着煤矿中各信息子系统的信息融合、分析、处理业务，其所处理的数据来源广泛，数据格式多样。为确保各子系统接口间数据的兼容、转换，构建煤矿水灾害预警管理系统信息共享平台，必须对信息共享平台中的空间要素分类编码、数据库格式、数据与文件的组织方式等制定系统的规范标准，保证数据流通的速度及准确性。

（4）可扩展性原则。在系统设计中既要考虑系统的完整性，又要考虑系统的可扩充性，系统要预留多处接口，便于对系统进行改进升级，实时满足煤矿的实际需要。

（5）易用性原则。信息共享平台的设计应充分考虑到为操作人员提供方便。用户界面设计应遵循 Web 标准，界面表达形象、清晰、易于理解，用户界面风格突出人性化设计。同时，应尽可能使操作流程简单化。

（6）先进性原则。现代信息技术的广泛应用为人们的生活提供了越来越多的便利。在信息共享平台建设过程中应引进先进的信息化理念，采用先进的信息化设备提高系统的运作效率,减少人力成本消耗,有效提高煤矿水灾害预警管理体系预警能力,降低事故发生率。因此,煤矿预警管理体系信息共享平台的设计在考虑综合性价比的同时要优先考虑系统的先进性。

(7) 安全性和可靠性原则。信息共享平台是煤矿水灾害预警管理系统间信息交换和信息共享的中间枢纽,该平台为不同煤炭生产企业提供信息交换共享和功能共享服务。所以,其应具有信息加工能力、数据转换能力及信息处理能力,能够满足数据实时性的交换和共享要求,并保证信息交换和共享安全可靠进行。

9.1.2　信息共享平台设计目标

煤矿水灾害预警管理体系信息共享平台通过实时搜集煤矿水灾害预警管理体系中各个子系统的数据,运用信息化技术对输入数据进行分析、处理,完成信息的集成、发布等业务,其主要设计目标如下[191]:

(1) 实现对煤矿安全数据的实时查询及修改,通过数据库技术及计算机程序实现数据信息的导入导出及统计分析,提高煤矿水灾害预警管理系统数据处理能力。

(2) 通过对数据的分析和智能化提取,利用 GIS 对煤矿地理信息进行实时监控及分析,以便在煤矿水灾害发生时为工作人员提供最佳逃生线路,降低煤矿水灾害事故伤亡率。

(3) 煤矿水灾害预警管理信息图形与相关属性能够一一对应,实现双向查询,为用户提供有效的数据,为正确决策提供依据。

(4) 掌握技术、积累经验,为建立类似的煤矿水灾害预警信息共享平台提供范例和奠定技术基础。

9.2　煤矿水灾害信息系统的功能结构分析

信息系统的功能结构可分为 4 大模块,每个模块有不同的子系统支撑以实现相应的功能,信息的共享主要通过数据在不同模块之间的传递实现[192]。煤矿信息系统结构如图 9.1 所示。

9.2.1　煤矿环境监测子系统

煤矿环境监测子系统由 3DGIS 数字矿山基础信息系统、人员监测系统、煤矿地测地理信息系统 3 个子模块组成,以实现煤矿环境数据的采集、监测和查询,其工作流程如图 9.2 所示。

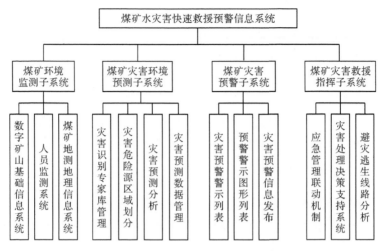

图 9.1　煤矿水灾害快速救援预警信息系统组成结构

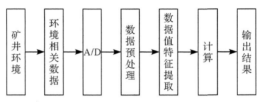

图 9.2　煤矿环境监测子系统

1. 3DGIS 数字矿山基础信息系统

3DGIS 数字矿山基础信息系统以煤矿地测系统、运输系统、井巷系统、井下供配电系统、采掘系统、通风系统、给排水系统、消防洒水系统、避灾路线系统、提升系统、选煤系统等矿井生产系统为核心业务。通过数字矿山将矿山固有数据数字化,同时嵌入相关的信息实现数字矿山的多元化,在 3DGIS 技术支撑下,实现对煤矿范围内的安全生产、经营管理所有要素的空间信息和属性信息的认知、获取、表达、处理、共享、可视化、传输和使用等过程的信息化和数字化。提供专业的分析数据库,制定面向第三方的标准数据接口,为矿井业务应用系统提供便捷的方法,为实现更高层次的企业生产经营管理信息化构建基础应用框架。

2. 人员监测系统

人员监测系统是对所辖煤矿主要工作区域的井下工作人员的跟踪监视,主要对各井下作业人员和上级下井监测的管理人员进行考勤管理。根据历史记录,可查询下井人员每次下井情况及在井下的活动轨迹,并对此人经过地点通过模拟动画的形式依次进行再现。

3. 煤矿地测地理信息系统

地测数据和矿图是煤炭生产企业中最重要的技术资料,对于指导生产、正确进行采矿设计、编制采掘计划、指导巷道掘进及合理安排回采工作等具有重要作用。地测地理信息系统由地质数据管理、测量数据管理、二维矢量制图、三维对象建模 4 个模块组成[193]。

9.2.2　煤矿水灾害环境预测子系统

(1) 根据煤矿水灾害环境监测子系统输出的瓦斯、水害等相关数据建立不同专业数据库,并对其进行有效的管理。

(2) 危险因素预测。单一危险因素预测模型以单一危险因素作为研究对象,针对矿井较为突出的某个危险因素,如瓦斯有害气体等,以收集存储的环境参数为依据,利用灰色系统理论构建 GM(1,1) 模型进行预测,分析单一危险因素的变化规律,建立单一危险因素的数据预测模型。

多危险因素预测模型针对危险因素较多的矿井[194],以两种或两种以上的危险因素作为研究对象,如高温和有毒气体并存的矿井环境等,利用灰色关联度理论对关联因素的关联度进行排序,筛选出较大的关联变量来建立灰色-神经网络预测模型,分析多种危险因素综合作用下的环境变化规律,建立多危险因素影响下的环境预测模型。

煤矿水灾害环境预测子系统建立在煤矿环境监测子系统大量的环境数据的基础之上,通过构建不同的预测模型,对采集到的环境数据进行单一危险因素和多种危险因素的预测,划分灾害危险区域,预测结果有利于矿井灾害防治和提高井下人员的安全警惕性,为煤矿水灾害预警提供参考依据,如图 9.3 所示。

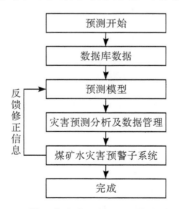

图 9.3　煤矿水灾害预测及预警工作流程

（3）灾害预测分析及数据管理。根据危险因素预测结果划分危险区域，同时对数据进行管理。

9.2.3 煤矿水灾害预警子系统

该系统的主要作用是能够在线查阅浏览煤矿生产状况，如图9.4所示，可对煤矿危险源进行实时监控与评价，达到预测预报灾害的目的，且起到督导和规范生产过程矿井工作人员行为的作用，防止安全生产管理漏洞的产生，根据监测监控的事件参数与事故致因机理分析，分类型分级别报告和报警。

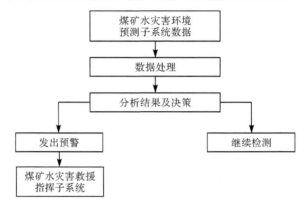

图9.4 煤矿水灾害预警子系统信息流程

9.2.4 煤矿水灾害救援指挥子系统

煤矿水灾害救援指挥子系统有三个子模块，即应急管理联动机制、灾害处理决策支持系统、避灾逃生线路分析。

1. 应急管理联动机制

煤矿水灾害的突发性和多样性决定了灾害事故应急救援工作的广泛性、综合性和专业性。应急管理联动机制依据煤矿水灾害预警子系统的预警信号[195]，在水灾害发生后协调各部门迅速、有序、有效地开展应急救援行动，最大限度降低水灾害带来的损失。

2. 灾害处理决策支持系统

煤矿水灾害处理决策支持系统是以温度、瓦斯、有毒气体等指标为参考依据，根据灾害预警信息提供的应急机制，在水灾害发生后，经过管理决策之后采取救援措施并制定恰当的决策。

3. 避灾逃生线路分析

系统提供了最佳路线分析功能,该功能可用于多层立体灾害状况下的最短路径分析。一旦发生煤矿水灾害可通知井下作业人员安全逃生路线。

9.3　煤矿水灾害信息共享平台逻辑结构分析

煤矿水灾害预警管理体系的信息共享平台是通过煤矿水灾害预警信息系统,对煤矿水灾害预警数据进行标准化处理,将数据以规定的格式输入信息共享平台。在信息共享平台内部实现对数据的分类、抽取、挖掘及融合。对处理过的数据进行实时存储,同时,根据各部门的实际需要,进行信息发布。本章研究中设计的信息共享平台逻辑结构如图9.5所示。

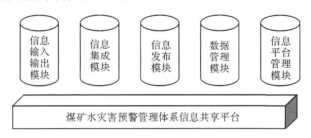

图9.5　煤矿水灾害预警管理体系信息共享平台示意图

9.3.1　信息输入、输出模块

该模块通过标准化的输入接口,如图9.6所示,将所收集的数据信息按照一定的格式和规则输入煤矿水灾害预警管理体系信息共享平台。通过信息共享平台实现对源数据库、集成信息数据库、共享信息数据库等数据库的综合信息查询。

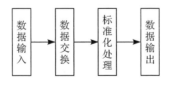

图9.6　信息输入输出模块

在完成外部系统信息接入平台的同时,通过输出接口对信息共享平台与外界进行数据交换,依据接口规范进行标准化处理及转换,最终实现信息共享平台对所收集数据信息的输入输出。

9.3.2　信息集成模块

如图 9.7 所示,信息集成模块首先需要对源信息数据库中的数据信息进行数据融合和数据信息挖掘。通过数据融合对源信息数据库中的信息进行分析综合,生成完整准确的综合信息;数据信息挖掘技术能够在海量数据中建立模型并发现数据间的耦合关系,进而提取隐含且有价值的信息数据。

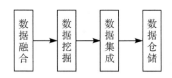

图 9.7　信息集成模块

通过数据融合和数据挖掘之后,再对信息进行集成处理分析,针对煤矿水灾害预警管理体系的既定目标,对信息数据进行有效组织和管理。数据集成处理后的信息汇集接入数据库,为辅助决策与宏观统计模块提供输入信息。

信息集成模块对煤矿水灾害预警管理体系外部的异构分散数据进行分类整理、搜索分析和统计,集成所需数据结果,以多样化的方式展现出来,并将结果按需要、按权限、按事件,自动传送到相关部门。该模块要解决的本质问题就是如何将异构分散数据进行集成、处理、分析并展现。

9.3.3　信息发布模块

信息发布模块的主要功能是实现信息共享平台的数据呈现,根据各部门的实际需要对处理过的信息进行传递。其承担的主要任务是完成信息共享平台与外界数据的传输,通过多种方式,将信息传递到各部门,以辅助各部门开展工作。该模块通过标准的通信接口和协议,主要利用触摸屏、广播、移动通信工具、Internet及多媒体等方式发布信息[196]。

9.3.4　数据库管理模块

数据库管理模块的主要任务是对存储信息的历史数据库、实时数据库、信息融合数据库、信息发布数据库进行数据的组织、储存、检索、更新和维护等相关的管理。从实现形式上看,数据库管理模块具有集中、分布式数据仓库的特征,如图 9.8 所示。

9.3.5　信息平台管理模块

信息平台作为整个信息共享平台的监控中心,主要负责监控信息平台内部各子模块的硬件设备配置,硬件设备运作情况及硬件设备的故障维修,同时,还包括

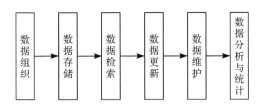

图 9.8　数据库管理模块

软件运行进程的监控,考察系统配置实用情况及信息平台的环境状态,对信息平台的运作进行整体评估,维护信息平台的正常运作,如图 9.9 所示。

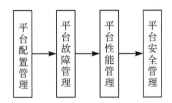

图 9.9　信息平台管理模块

9.4　煤矿水灾害信息共享总体架构分析及关键技术的实现

9.4.1　信息共享平台总体架构分析

煤矿水灾害预警管理体系信息共享平台是煤矿预警管理体系的信息枢纽,通过它可以实现信息的收集及共享,为应用系统集成提供保证。同时,该平台也是信息数据存储备份中心,通过整合各类信息资源,按一定标准规范实现多源异构数据的采集、传输、融合与处理、存储、分发等功能[197]。

煤矿水灾害预警管理体系信息共享平台的物理结构可分为 3 层——数据层、中间层、用户层,各层次关系如图 9.10 所示。

各层次的功能分析如下。

1. 数据层

数据层是煤矿水灾害预警系统最基础的组成部分。数据层主要负责数据的存储及初步处理。其存储的数据既包括静态的矿井历史数据、系统相关信息、图形数据,也包括动态的实时监控数据及专业空间分析模型。数据层将搜集到的数据有针对性地提供给系统的应用层,并根据各级用户的多样化需求对信息进行集成化处理,提高了数据的有效利用率。

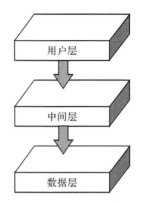

图 9.10　信息共享平台物理结构

2. 中间层

中间层是整个煤矿水灾害预警系统共享平台的核心部分,主要包含各种业务功能子模块,如人员监测系统、3DGIS 数字矿山基础信息平台、煤矿水灾害预测与编图系统等。

3. 用户层

用户层也称为业务实施层,主要负责空间信息查询、检索、录入、更新等业务,通过接口箱中间层传递命令,负责系统与用户之间的数据交换。通过与用户之间的数据交换对通风系统、瓦斯地质情况等进行实时监测,以发现矿井隐患,实现分析审核处理,明确相关部门及个人在隐患排查治理方面的责任。

根据信息系统的功能结构需求,结合煤矿实际情况采用集中式管理及分布式数据处理模式可以实现煤矿水灾害信息共享,减少数据冗余,提高数据存储及处理效率以辅助煤矿突然灾害预警管理体系进行智能决策。通过采用空间地理信息系统及可视化监测技术对矿井安全状态进行实时监控与动态分析,实现矿井信息实时在线分析传输,进而提高对危险源预警预报的目的。

信息共享平台总体架构如图 9.11 所示。

9.4.2　信息共享平台关键技术实现

1. GIS 技术

GIS 是集获取、存储、管理、检索、分析与显示地理信息等功能于一体的复杂计算机系统,其主要功能是有效地对煤矿水灾害信息的各种属性数据和图形数据进行集成管理。GIS 有强大的检索、分析功能,可以为危险源预警提供强有力的

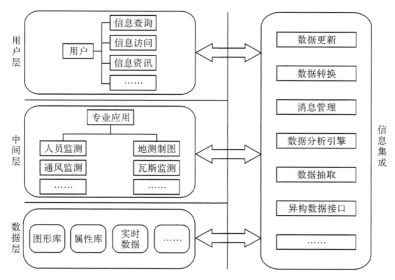

图 9.11　信息共享平台总体架构

技术支撑[198]。

2. 数字矿山技术

数字矿山技术是融合数据挖掘、专家系统、自动模式识别、智能多 Agent 等人工智能技术来解决矿山安全生产及矿山水事件决策支持问题的一项重要信息化技术，应从两个层次建设数字矿山[199]。

一个层次是将数字矿山中的固有信息（即与空间位置直接相关的相对固定的信息，如矿井原始数据和煤层、围岩、井巷等地质体空间信息）数字化，按三维坐标组织起一个数字矿山，全面详尽地展示矿山及矿体。

另一个层次是在此基础上再嵌入所有相关信息（包括采掘、通风、运输、供电、给排水等生产系统网络及其装备信息，生产过程中产生的设备状态、环境、人员信息，专业分析辅助决策信息，生产经营管理信息）组成一个意义更加广泛的多元数字矿山。

3. 传感器及井下数据传输技术

通过使用传感器及井下数据传输技术，实现对煤矿矿井数据的实时获取，从而为煤矿水灾害预警提供数据支持。

4. 融合计算技术

融合计算技术是煤矿环境监测系统的重要组成部分，它主要是对多传感器的相关观测结果进行验证、分析、补充、取舍和状态跟踪估计,对新发现的不相关观测结果进行分析和生成综合态势,并根据多传感器实时观测结果,通过融合计算对综合态势进行修改。

9.5　煤矿水灾害预警管理的信息平台运营模型构建

以上预警管理体系信息共享平台的各子系统之间相互作用、相互影响,预警的过程实质上是对水灾害进行分析的过程,一般采用因果分析法,即从结果出发寻找原因,再反推分析原因怎样作用于结果。

完整的煤矿水灾害预警系统主要分为以下三个子系统。

(1) 信息收集子系统。将业务数据、风险信息及反馈信息通过该子系统进行整理、筛选,将得出的数据储存于数据仓库中,并进一步做深层研究分析,供煤矿使用。

(2) 信息分析和评估子系统。主要对数据库中的信息做深层挖掘及联机分析处理(OLAP),对灾害产生的损失进行经济评估。

(3) 灾害预测与灾害预报子系统及灾害处理子系统。作为最后一个模块,在对灾害信息发出警报后,立即由预警对策库对灾害进行预处理。

总体结构模型如图 9.12 所示。

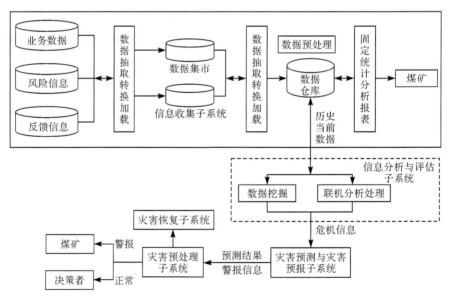

图 9.12　煤矿水灾害预警管理系统的总体模型

9.6　本章小结

　　建立煤矿水灾害预警管理体系信息共享平台是一项复杂的系统工程,需要融合多种信息化技术,并进行总体布局。本章首先介绍了信息共享平台设计遵循的原则及通过该信息共享平台所要实现的目标;然后,对煤矿水灾害预警管理信息系统功能进行了分析,阐述了本章构建信息共享平台的逻辑结构。在此基础上对所要建立的信息共享平台总体架构进行设计并分析了构建该信息共享平台的关键技术。

第 10 章 实 证 研 究

通过对煤矿水灾害致因机理的分析、快速救援的全生命周期评价及预警管理体系的构建，为验证所阐述理论和模型的有效性及适用性，本章选取某煤业集团下属 X 煤矿作为实证对象，从人、机、环、管方面提出改善策略，为该煤矿提高预警能力，实现快速救援提供参考。

10.1 X 煤矿背景

某煤业集团是我国 6 大无烟煤生产基地之一，下属 18 个分公司、13 个子公司。支柱产业为煤炭电力，有生产矿井 12 对，煤炭生产能力 940 万 t/年；在建矿井 2 对；现有电厂 3 个，装机容量 238MW。非煤产业有 200 万 t 水泥、3 亿块粉煤灰矸砖、3000t 铝型材的生产规模。

其下属 X 煤矿设计开采规模 21 万 t/年，可采储量为 5954.4kt，设计服务年限为 20 年。该矿井井田开拓方式采用斜、竖井混合开拓，沿煤层倾向布置三条采区巷道，沿煤层走向布置顺槽圈定回采工作面。矿井通风方式为中央并列式，通风方法采用机械抽出式，目前矿井总进风量为 5900m³/min，总回风量为 6000m³/min。矿井主斜井为主提升井，选用 TYP1100/400 型胶带输送机，输送长度 410m，电机功率 500kW。副立井为辅助提升井，担负矿井升降人员、下料、提矸等任务，矿用提升机采用 PLC 电控装置，功率为 115kW，提升高度 171m，采用直径 28mm 的钢丝绳。

由于煤矿的地理位置和水文地质决定了 X 煤矿经常发生水灾害。据资料显示，2010～2015 年，X 煤矿发生水灾害事故多次，给企业和员工带来了巨大的经济损失和社会损失。该煤矿非常重视水灾害应急预案制订、灾害快速救援机制建设等，构建了相对完善的救治体系并取得了一定的效果，但是水灾害发生次数仍未明显降低。通过对 X 煤矿的深入了解，进一步发现该矿预警体系落后，管理人员存在等待灾害发生再救援的管理模式，即以救援为重心，忽视预警管理的重要性，存在的问题主要体现在以下五个方面：

(1) 灾害预警机制不完善。

(2) 煤矿预警监测技术落后。

(3) 预警信息收集不畅通，信息收集渠道少，信息处理不及时。

(4) 预警人员缺乏安全意识，培训工作不到位。

（5）煤矿各部门间存在"信息孤岛"现象。

10.2　预警管理体系方案实施

通过对 X 煤矿内部问题的进一步剖析，基于目前该煤矿已有预警体系的不足之处，将第 5 章构建的预警管理体系应用到 X 煤矿中对其运作流程进行分析。

1. 查找危险源、辨识危险信息

对人员、设备、环境、管理和信息 5 方面内容进行实时监测，查找危险源，并分析该危险信号是否存在于已有信息库中，若不存在，则通过多种渠道进行信息收集并储存在 X 煤矿信息库中。

2. 信息分析评估

对信息库中的相关信息进行辨识提取，通过因子分析法、回归分析法、聚类分析法、系统动力学分析法等统计方法进行定性定量分析，在此基础上采用神经网络、模糊评价等方法对信息的危害程度进行评估。

3. 灾害识别与预测

对相关信息进行分析，采用支持向量机、灰色预测、定性预测方法、回归预测方法及时间序列分解法等预测方法对灾害可能发生的类型、时间范围及概率进行预测分析，并记录分析结果。

4. 灾害预报

根据预测结果对灾害进行等级划分，以下发文件、广播等方式将灾害预测结果通知相关部门，保证当水灾害出现时，预警人员能及时做出反应，在灾害发生前做好应急准备。

5. 灾害预处理

对已有预处理对策库进行检索，针对其所代表的不同灾害类别，采取解决和减轻灾害的相应办法和措施。

6. 结果分析及反馈

对预警整个过程进行总结学习，并将结果反馈到信息库中，以便知识复用和知识转化，避免同类灾害发生。

最后是信息收集，将历史数据、危险信息及反馈信息通过数据抽取转换加载，筛选出的数据信息储存于信息库中,供 X 煤矿使用,同时对灾害产生的损失进行经济性评估,由预警对策库对灾害进行预处理,直至危机解除,如图 10.1 所示。

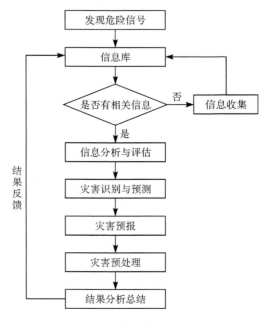

图 10.1 X 煤矿预警管理体系

10.3 预警管理体系实施效果评价

X 煤矿引入预警管理体系后,在预防和应对水灾害的发生方面取得了良好的效果,但评估一段时间后发现在救援过程中还存在很多问题,如救援过程中信息量太大系统无法承受、指挥调度能力不足等,系统的可靠性还有待进一步提高,因此有必要对系统的可靠性进行综合评价,从而验证该体系的适用性及可靠性。

10.3.1 可拓评价原理

煤矿水灾害预警管理体系的构建是一项复杂工程,预警管理体系可靠性评价是体系构建中不可或缺的一部分。基于可拓理论的预警管理体系可靠性评价是在康托尔集和模糊集的基础上发展起来的另一理论集合。物元模型及关联函数是可拓理论的基本组成部分,也是该方法的核心。因此,在对煤矿水灾害预警管理体系可靠性进行评价时,需要对物元模型和关联要素进行简要介绍。

1. 物元

每一事物总以一定的特征来表现,如长度、体积、速度、颜色、电压等。确定的事物关于某一特征具有相应的量值,因此可以用若干特征和相应的量值来描述事物。

以 N 表示事物,c 表示事物的特征名称,v 表示事物特征的量值,这三者构成的有序三元组:$R=(N,c,v)$ 称为一维物元。N,c,v 为物元 R 的三要素,其中 c,v 构成的二元组 (c,v) 成为 N 的特征元。

一物具有多个特征,与一维物元相仿,可以定义多维物元。N,n 个特征 c_1,$c_2,\cdots,c_n$ 及 N 关于 $c_i(i=1,2,\cdots,n)$ 对应的量值 $v_i(i=1,2,\cdots,n)$ 所构成的阵列称为 n 维物元。

$$R=\begin{bmatrix} N & c_1 & v_1 \\ & c_2 & v_2 \\ & \vdots & \vdots \\ & c_n & v_n \end{bmatrix} \tag{10.1}$$

2. 关联函数

由于事物的变化大多从量变到质变,所以必须建立描述这一过程的定量化工具,即可拓集的关联函数[200~202]。为了尽量减少主观干预,研究了不同类型的定量化计算公式,来计算事物具有某种性质的程度。本书仅介绍最优点在区间中点的初等关联函数,令

$$\rho(v_k,V_{0jk}) = \left| v_k - \frac{a_{0jk}+b_{0jk}}{2} \right| - \frac{b_{0jk}-a_{0jk}}{2}$$

$$k=1,2,\cdots,m, \quad j=1,2,\cdots,n \tag{10.2}$$

$$\rho(v_k,V_{pk}) = \left| v_k - \frac{a_{pk}+b_{pk}}{2} \right| - \frac{b_{pk}-a_{pk}}{2}$$

$$k=1,2,\cdots,m, \quad j=1,2,\cdots,n \tag{10.3}$$

$\rho(v_k,V_{0jk})$,$\rho(v_k,V_{pk})$ 分别表示点 v_k 与区间 V_{0jk},V_{pk} 的“接近度”。如 $\rho(v_k,V_{pk})\geqslant 0$,表示 v_k 不在区间 V_{pk} 内;$\rho(v_k,V_{pk})\leqslant 0$,表示 v_k 在区间 V_{pk} 内,且不同的负值说明 v_k 在区间 V_{pk} 内的不同位置。令

$$D(v_k,V_{pk},V_{0jk})=\rho(v_k,V_{pk})-\rho(v_k,V_{0jk}) \tag{10.4}$$

表示量值 v_k 与区间 V_{0jk},V_{pk} 的“位值”,令

$$K_j(v_x)=\frac{\rho(v_k,V_{0jk})}{\rho(v_k,V_{pk})-\rho(v_k,V_{0jk})}=\frac{\rho(v_k,V_{0jk})}{D(v_k,V_{pk},V_{0jk})}, \quad j=1,2,\cdots,n, \quad k=1,2,\cdots,m$$

$$\tag{10.5}$$

$K_j(v_x)$表示待评物元的第 K 个评价指标 c_k 在第 j 级可靠度的关联度[200]，$K_j(v_x)$ 范围是$-\infty<K_j(v_k)<\infty$。$K_j(v_k)>0$ 表明 v_k 在 V_{0jk} 内，$K_j(v_k)$ 越大，v_k 具备 V_{0jk} 的属性越多，离区间 V_{0jk} 越近；$K_j(v_k)\leqslant0$ 表示 v_k 不在 V_{0jk} 内，$K_j(v_k)$ 越小，具备 V_{0jk} 属性越少，说明 v_k 离区间 V_{0jk} 越远。

10.3.2　关联矩阵分析

由第 8 章所建立的指标体系(图 8.1)，结合可拓评价理论知识，可知预警管理体系可靠性评价指标个数 $n=16$，评定等级 $m=5$。

设计专家评价调查表，由专家确定各等级的评定范围。具体划分见表 10.1。

表 10.1　专家评价等级评定范围

评价指标	V_1	V_2	V_3	V_4	V_5
C_1	⟨0,2⟩	⟨2,5⟩	⟨5,7⟩	⟨7,9⟩	⟨8,10⟩
C_2	⟨0,3⟩	⟨3,7⟩	⟨7,8⟩	⟨8,9⟩	⟨9,10⟩
C_3	⟨0,2⟩	⟨2,4⟩	⟨4,7⟩	⟨7,8⟩	⟨8,10⟩
C_4	⟨0,2⟩	⟨2,5⟩	⟨4,8⟩	⟨8,9⟩	⟨9,10⟩
C_5	⟨0,4⟩	⟨4,7⟩	⟨7,8⟩	⟨9,10⟩	⟨9,10⟩
C_6	⟨0,3⟩	⟨2,5⟩	⟨4,8⟩	⟨7,9⟩	⟨9,10⟩
C_7	⟨0,3⟩	⟨3,6⟩	⟨5,8⟩	⟨8,10⟩	⟨9,10⟩
C_8	⟨0,2⟩	⟨2,5⟩	⟨5,8⟩	⟨8,9⟩	⟨9,10⟩
C_9	⟨0,5⟩	⟨4,7⟩	⟨6,8⟩	⟨7,9⟩	⟨9,10⟩
C_{10}	⟨0,4⟩	⟨4,7⟩	⟨6,8⟩	⟨7,9⟩	⟨9,10⟩
C_{11}	⟨0,3⟩	⟨3,7⟩	⟨7,9⟩	⟨8,9⟩	⟨9,10⟩
C_{12}	⟨0,2⟩	⟨2,4⟩	⟨4,7⟩	⟨6,8⟩	⟨8,10⟩
C_{13}	⟨0,2⟩	⟨2,5⟩	⟨5,7⟩	⟨7,9⟩	⟨9,10⟩
C_{14}	⟨0,4⟩	⟨4,7⟩	⟨7,9⟩	⟨9,10⟩	⟨9,10⟩
C_{15}	⟨0,2⟩	⟨2,6⟩	⟨5,8⟩	⟨7,8⟩	⟨8,10⟩
C_{16}	⟨0,3⟩	⟨2,5⟩	⟨5,8⟩	⟨7,8⟩	⟨8,10⟩
C_{17}	⟨0,2⟩	⟨2,4⟩	⟨4,7⟩	⟨7,9⟩	⟨9,10⟩
C_{18}	⟨0,2⟩	⟨2,6⟩	⟨6,9⟩	⟨9,10⟩	⟨9,10⟩

将表 10.1 中数据代入经典物元模型中。

由式(8.2)和式(8.3)得出预警体系各个等级的经典域及节域。

$$R_{V_1} = (N_{V_1}, C_i, Z_{ji}) = \begin{pmatrix} N_{V_1} & c_1 & \langle 0,2 \rangle \\ & c_2 & \langle 0,3 \rangle \\ & c_3 & \langle 0,2 \rangle \\ & c_4 & \langle 0,2 \rangle \\ & c_5 & \langle 0,4 \rangle \\ & c_6 & \langle 0,3 \rangle \\ & c_7 & \langle 0,3 \rangle \\ & c_8 & \langle 0,2 \rangle \\ & c_9 & \langle 0,5 \rangle \\ & c_{10} & \langle 0,4 \rangle \\ & c_{11} & \langle 0,3 \rangle \\ & c_{12} & \langle 0,2 \rangle \\ & c_{13} & \langle 0,2 \rangle \\ & c_{14} & \langle 0,4 \rangle \\ & c_{15} & \langle 0,2 \rangle \\ & c_{16} & \langle 0,3 \rangle \\ & c_{17} & \langle 0,2 \rangle \\ & c_{18} & \langle 0,2 \rangle \end{pmatrix}$$

结果如下:

$$R_{V_2} = (N_{V_2}, C_i, Z_{ji}) = \begin{pmatrix} N_{V_2} & c_1 & \langle 2,5 \rangle \\ & c_2 & \langle 3,7 \rangle \\ & c_3 & \langle 2,4 \rangle \\ & c_4 & \langle 2,5 \rangle \\ & c_5 & \langle 4,7 \rangle \\ & c_6 & \langle 2,5 \rangle \\ & c_7 & \langle 3,6 \rangle \\ & c_8 & \langle 2,5 \rangle \\ & c_9 & \langle 4,7 \rangle \\ & c_{10} & \langle 4,7 \rangle \\ & c_{11} & \langle 3,7 \rangle \\ & c_{12} & \langle 2,4 \rangle \\ & c_{13} & \langle 2,5 \rangle \\ & c_{14} & \langle 4,7 \rangle \\ & c_{15} & \langle 2,6 \rangle \\ & c_{16} & \langle 2,5 \rangle \\ & c_{17} & \langle 2,4 \rangle \\ & c_{18} & \langle 2,6 \rangle \end{pmatrix}$$

$$R_{V_5}=(N_{V_5},C_i,Z_{ji})=\begin{bmatrix}N_{V_5} & c_1 & \langle 8,10\rangle \\ & c_2 & \langle 9,10\rangle \\ & c_3 & \langle 8,10\rangle \\ & c_4 & \langle 9,10\rangle \\ & c_5 & \langle 9,10\rangle \\ & c_6 & \langle 9,10\rangle \\ & c_7 & \langle 9,10\rangle \\ & c_8 & \langle 9,10\rangle \\ & c_9 & \langle 9,10\rangle \\ & c_{10} & \langle 9,10\rangle \\ & c_{11} & \langle 9,10\rangle \\ & c_{12} & \langle 8,10\rangle \\ & c_{13} & \langle 9,10\rangle \\ & c_{14} & \langle 9,10\rangle \\ & c_{15} & \langle 8,10\rangle \\ & c_{16} & \langle 8,10\rangle \\ & c_{17} & \langle 9,10\rangle \\ & c_{18} & \langle 9,10\rangle\end{bmatrix},\ R_p=(p,C,Z_p)=\begin{bmatrix}p & c_1 & \langle 0,10\rangle \\ & c_2 & \langle 0,10\rangle \\ & c_3 & \langle 0,10\rangle \\ & c_4 & \langle 0,10\rangle \\ & c_5 & \langle 0,10\rangle \\ & c_6 & \langle 0,10\rangle \\ & c_7 & \langle 0,10\rangle \\ & c_8 & \langle 0,10\rangle \\ & c_9 & \langle 0,10\rangle \\ & c_{10} & \langle 0,10\rangle \\ & c_{11} & \langle 0,10\rangle \\ & c_{12} & \langle 0,10\rangle \\ & c_{13} & \langle 0,10\rangle \\ & c_{14} & \langle 0,10\rangle \\ & c_{15} & \langle 0,10\rangle \\ & c_{16} & \langle 0,10\rangle \\ & c_{17} & \langle 0,10\rangle \\ & c_{18} & \langle 0,10\rangle\end{bmatrix}$$

收集 X 煤矿近 5 年的数据资料,由专家对其分析,可得出具体指标值,由式(8.4)确定待评物元模型:

$$R_0=(P_0,C,Z)=\begin{bmatrix}P_0 & C & 2014 & 2013 & 2012 & 2011 & 2010 \\ P_0 & c_1 & 8.4 & 7.9 & 7.7 & 7.3 & 7.6 \\ & c_2 & 7.6 & 7.4 & 7.3 & 7.1 & 7.2 \\ & c_3 & 8.9 & 8.6 & 8.4 & 7.5 & 7.2 \\ & c_4 & 8.2 & 7.9 & 7.6 & 7.3 & 6.9 \\ & c_5 & 8.8 & 8.6 & 8.7 & 7.5 & 8.3 \\ & c_6 & 8.1 & 7.5 & 6.5 & 7.6 & 7.9 \\ & c_7 & 8.8 & 7.6 & 6.9 & 7.1 & 6.8 \\ & c_8 & 8.2 & 7.9 & 7.4 & 7.1 & 7.2 \\ & c_9 & 8.1 & 7.5 & 7.8 & 7.3 & 6.2 \\ & c_{10} & 8.3 & 7.4 & 7.6 & 7.5 & 7.9 \\ & c_{11} & 7.7 & 7.6 & 7.9 & 7.1 & 7.4 \\ & c_{12} & 7.6 & 7.3 & 7.5 & 7.2 & 6.9 \\ & c_{13} & 7.4 & 6.7 & 6.1 & 5.8 & 5.9 \\ & c_{14} & 9.1 & 8.4 & 7.9 & 8.1 & 8.2 \\ & c_{15} & 8.3 & 7.6 & 7.9 & 7.2 & 6.8 \\ & c_{16} & 7.1 & 6.2 & 6.8 & 5.8 & 6.4 \\ & c_{17} & 6.8 & 5.8 & 6.7 & 5.7 & 5.6 \\ & c_{18} & 8.9 & 8.7 & 8.6 & 8.3 & 8.1\end{bmatrix}$$

由式(8.5)～式(8.8)求出关联矩阵得

$$
I = \begin{array}{c}
 \\
c_1 \\
c_2 \\
c_3 \\
c_4 \\
c_5 \\
c_6 \\
c_7 \\
c_8 \\
c_9 \\
c_{10} \\
c_{11} \\
c_{12} \\
c_{13} \\
c_{14} \\
c_{15} \\
c_{16} \\
c_{17} \\
c_{18}
\end{array}
\begin{bmatrix}
V_1 & V_2 & V_3 & V_4 & V_5 \\
-0.800 & -0.680 & -0.467 & 0.600 & 0.333 \\
-0.657 & -0.200 & -0.200 & 0.143 & -0.368 \\
-0.863 & -0.817 & -0.633 & -0.450 & 4.500 \\
-0.775 & -0.640 & -0.100 & 0.125 & -0.308 \\
-0.800 & -0.600 & 0.200 & -0.143 & -0.143 \\
-0.729 & -0.620 & -0.050 & 0.900 & -0.321 \\
-0.829 & -0.700 & -0.400 & 2.000 & -0.143 \\
-0.775 & -0.640 & -0.100 & 0.125 & -0.308 \\
-0.620 & -0.367 & -0.050 & 0.900 & -0.321 \\
-0.717 & -0.733 & -0.150 & 0.700 & -0.292 \\
-0.671 & -0.233 & 0.438 & -0.115 & -0.361 \\
-0.700 & -0.600 & -0.200 & 0.200 & -0.143 \\
-0.675 & -0.480 & -0.133 & 0.182 & -0.381 \\
-0.850 & -0.700 & -0.100 & 0.125 & 0.125 \\
-0.788 & -0.575 & -0.150 & 0.214 & -0.292 \\
-0.586 & -0.420 & 0.450 & 0.036 & -0.237 \\
-0.600 & -0.467 & 0.067 & -0.059 & -0.407 \\
-0.863 & -0.725 & 0.100 & -0.083 & -0.083
\end{bmatrix}
$$

10.3.3 X 煤矿关联度等级确定

基于以上关联矩阵的分析,根据隶属度最大化的原则,结合熵权法确定权重时精确度较高、可观性较强的优势,确定 X 煤矿综合关联度等级。

1. 熵权法确定权重

熵权法的算法步骤如下。

(1) 设 n 个评价指标 m 个被评单位的评价矩阵 $A = a_{ij}\,(i=1,2,\cdots,m;j=1,2,\cdots,n)$,即

$$
A = \begin{bmatrix}
a_{11} & \cdots & a_{1n} \\
\vdots & & \vdots \\
a_{m1} & \cdots & a_{mn}
\end{bmatrix}
$$

进行标准化处理,得

$$A = a'_{ij} = \frac{a_{ij}}{\sum\limits_{i=1}^{m} a_{ij}} \tag{10.6}$$

（2）根据熵的定义，计算出第 j 项指标的熵值 e_j：

$$e_j = -k \sum\limits_{i=1}^{m} a'_{ij} \ln a'_{ij} \quad k = \frac{1}{\ln m} \tag{10.7}$$

从而可得第 j 项指标的权重

$$\omega_j = \frac{d_j}{\sum\limits_{i=1}^{m} d_j} \tag{10.8}$$

其中，$d_j = 1 - e_j$。

2. 确定各个指标权重

（1）对 X 煤矿数据进行标准化处理，具体结果见表 10.2。

表 10.2　标准化数据

评价指标	V_1	V_2	V_3	V_4	V_5
C_1	0.216	0.203	0.198	0.188	0.195
C_2	0.208	0.202	0.199	0.194	0.197
C_3	0.219	0.212	0.207	0.185	0.177
C_4	0.216	0.208	0.201	0.193	0.182
C_5	0.210	0.205	0.208	0.179	0.198
C_6	0.215	0.199	0.173	0.202	0.210
C_7	0.237	0.204	0.185	0.191	0.183
C_8	0.217	0.209	0.196	0.188	0.190
C_9	0.220	0.203	0.211	0.198	0.168
C_{10}	0.214	0.191	0.196	0.194	0.204
C_{11}	0.204	0.202	0.210	0.188	0.196
C_{12}	0.208	0.200	0.205	0.197	0.189
C_{13}	0.232	0.210	0.191	0.182	0.185
C_{14}	0.218	0.201	0.189	0.194	0.197
C_{15}	0.220	0.201	0.209	0.190	0.180
C_{16}	0.220	0.192	0.211	0.180	0.198
C_{17}	0.222	0.190	0.219	0.186	0.183
C_{18}	0.209	0.204	0.202	0.195	0.190

(2) 求各指标权重。

根据式(10.7)和式(10.8),求出各指标的权重为

$$\omega_j = (0.0124, 0.0031, 0.0371, 0.0203, 0.0182, 0.0313, 0.0533, 0.0175,$$
$$0.0450, 0.0099, 0.0074, 0.0064, 0.0486, 0.0136, 0.0272, 0.0280,$$
$$0.040, 0.0064)$$

则预警体系可靠性综合关联度为

$$K_j^{2011} = \sum_{i=1}^{n} \omega_i K_j(z_i) = (-0.311, -0.241, -0.049, 0.189, 0.069)$$

10.4 结果分析及改进

从 10.3 节可以得出,该体系应用到 X 煤矿等级处于"较好"水平。将该评价指标体系用于评价 X 煤矿的预警管理体系可得

$$K_j^{2010} = \sum_{i=1}^{n} \omega_i K_j(z_i) = (-0.271, -0.175, 0.070, -0.020, -0.108)$$

$$K_j^{2009} = \sum_{i=1}^{n} \omega_i K_j(z_i) = (-0.265, -0.165, 0.108, -0.021, -0.126)$$

$$K_j^{2008} = \sum_{i=1}^{n} \omega_i K_j(z_i) = (-0.243, -0.128, 0.124, -0.037, -0.155)$$

$$K_j^{2007} = \sum_{i=1}^{n} \omega_i K_j(z_i) = (-0.234, -0.115, 0.148, -0.036, -0.156)$$

由上面数据可以看出,在 2010～2014 年该煤矿的预警评价体系可靠性仅处于"一般"水平。自 2014 年起,X 煤矿在矿区推行本书所构建的水灾害预警管理体系,相对于之前的预警管理体系,新引入的煤矿预警管理体系的可靠性较高。主要体现在以下 6 个方面:

(1) 提高了预警体系的可靠性。该预警管理体系除了对人与设备进行监测与评价,还对生产环境及信息流进行监测评价。该体系从信息收集到灾害预处理,始终将生产环境和信息要素考虑在内,通过对生产环境的分析,剔除无用信息,提高了信息处理速度,简化了灾害处理流程,进而提高了预警体系的可靠性。

(2) 提高了预警人员的专业素质。X 煤矿在以往的预警管理体系中未分出专人对体系进行管理,造成了职责混乱,影响了预警系统的效率。本预警管理体系通过合理人员分工,建立了一支专业的、反应迅速的预警团队,并通过不断的培训和实地演练,提高了预警人员的专业素质。

(3) 提升了员工的安全意识。X 煤矿虽然早在 2005 年即引入了危机管理理论,建立了水灾害预警管理体系。但是,上至领导下至员工,基于等待灾害发生再

做出快速救援的救援模式与观念从本质上还未改变,仍然是灾害发生后再采取应急措施,这种理念与模式从整体上降低了企业的预警意识,也直接造成预警系统建立不完善,未充分发挥其功能。该预警管理体系更加注重培养员工的安全意识,通过实地演习,加强员工的反应能力、协调配合能力、救援能力等。使员工在水灾害预警发生时,能及时排除煤矿水灾害预警管理过程中的故障,提高预警管理系统的可靠性。

(4) 建立了长效的学习反馈机制。在之前的预警管理体系中,由于快速救援系统内部缺乏有效的沟通渠道,信息传递不畅,灾害发生之后的知识复用和知识转化程度较低,导致快速救援系统学习性不强,影响了系统的效率。该预警管理体系在灾害预处理结束之后,对人、设备、环境、信息等要素进行综合分析以反馈给各子系统避免同类灾害再次发生。

(5) 建立了信息共享机制,提高了系统快速救援速度。由于煤矿水灾害的救援实体较多,信息流庞大且具有多源性、空间性、时间性等特征,X 煤矿之前所运行的预警管理体系不能很好地将这些信息整合共享,进而导致预警体系的灾害处理效率低下。该体系通过及时汇集多个救灾实体的信息,并对信息进行分类处理,建立信息库,多个救援实体单位共享,有效缓解了系统传递负荷过大的问题,提高了系统的快速救援速度。

(6) 预警管理体系不断完善。从信息收集、专家分析、灾害预测、识别及确认等方面出发,及时补充专家库,更新信息库和方法库,以保证及时发现水灾害征兆并发布预警信息,通过对灾害征兆的排除将可能发生的危机排除以达到预防效果。

第 11 章　结论与展望

11.1　研　究　结　论

本书通过运用系统动力学理论、危机全生命周期理论及可拓学等理论对煤矿水灾害进行了致因机理分析、快速救援流程评价、预警管理体系可靠性分析,在此基础上构建了煤矿水灾害快速救援的预警管理体系,同时结合某煤矿进行了实证研究。

本书研究的主要结论有以下几点:

(1) 辨识了煤矿水灾害危险源。本书以危险源辨识理论和方法为基础,介绍了危险源及危险源辨识的内涵,对煤矿水灾害危险源辨识方法、影响因素、范围及原则进行了分析,然后分别阐述了煤矿水灾害危险因素调查和煤矿水灾害危险源调查,对煤矿水灾害危险源进行了辨识。

(2) 建立了煤矿水灾害致因机理体系。本书综合运用经验分析法和因果分析法对煤矿水灾害危险源进行识别,提出了影响煤矿水灾害的 6 大系统,以此为基础构建了煤矿水灾害致因机理体系,分析了该体系的内在机理,然后运用系统动力学建模对煤矿水灾害致因系统进行了分析。

(3) 建立了快速救援评价模型。在煤矿水灾害快速救援流程分析基础上,建立了煤矿水灾害快速救援评价指标体系,采用 DEA 方法构建了快速救援评价模型,对煤矿水灾害快速救援进行了评价。

(4) 阐述了煤矿水灾害快速救援技术与装备的研发。主要介绍了 3200kW 高压潜水电机和 ZQ1000-90 系列潜水电泵,从立式运行、卧式运行、矿井水阻尼、动静部件见习及潜水电泵防震 5 方面对矿井潜水电泵运行稳定性进行了分析,并将技术成果加以推广应用,取得了良好的社会经济效益。

(5) 构建了煤矿水灾害快速救援的预警管理体系。本书从信息收集子系统、信息分析和评估子系统、危机预测子系统、危机预报子系统和危机预处理子系统 5 部分构建了煤矿水灾害快速救援预警管理体系,并对 5 大子系统展开了功能分析。

(6) 建立了煤矿水灾害预警管理系统的可靠性评价模型。依据预警管理体系的 5 大子系统建立了可靠性评价指标体系,同时运用可拓学理论构建了煤矿水灾害预警管理系统的可靠性评价模型,提出了对预警管理体系进行可靠性控制与提升的建议。

(7) 设计了煤矿水灾害预警管理体系的信息共享平台。本书在对煤矿水灾害预警管理信息系统功能进行分析的基础上,对所要建立的信息共享平台总体架构进行了设计,并研究了构建该信息共享平台的关键技术。

(8) 以 X 煤矿为依托,分析了煤矿水灾害的致因机理,将预警管理体系引入该煤矿,搜集数据,分析体系的可靠性,结果表明该体系具有较高的可靠性,为理论提供了应用支持。

11.2　研究展望

以预防为主的煤矿水灾害快速救援预警管理体系有利于弥补以往水灾害救援中被动处理灾害、侧重于应急性而计划性和系统性偏弱等缺陷,有利于降低煤矿水灾害的发生频率,减少由灾害带来的直接人员伤亡和财产损失、救援人员及设备损失等,降低煤矿的安全生产成本,提高企业经济效益。但本书仅是初步的煤矿水灾害预警管理问题研究,煤矿水灾害的环境随时间不断变化,影响煤矿水灾害预警管理体系的因素众多且影响因素间的作用关系复杂并呈动态变化,有鉴于此,尚需进一步从时序动态角度深入研究煤矿水灾害预警管理体系问题。

参 考 文 献

[1] Szwed P,Dorp J R,Merrick J R W,et al. A Bayesian paired comparison approach for relative accident probability assessment with covariate information. European Journal of Operational Research,2006,169(1):157-177.

[2] Ma T L,Ma D L. Multidisciplinary design-optimization methods for aircrafts using large-scale. System Theory Systems Engineering-Theory & Practice,2009,29(9):186-192.

[3] 张志强,冯立杰,王金凤. 煤矿水灾害影响因子的系统动力学研究. 工业工程,2012,15(2):128-133.

[4] 丁名雄. 煤矿安全生产事故的致因分析. 煤矿安全,2011,42(5):187-189.

[5] 张跃兵,王凯,王志亮. 危险源理论研究及在事故预防中的应用. 中国安全科学学报,2011,2(6):10-16.

[6] 祁丽霞,杨雪. 煤矿生产事故致因机理辨析与仿真. 煤矿安全,2012,43(3):190-192.

[7] 李树砖,田水承,郭彬彬. 基于 ISM 的煤矿瓦斯爆炸事故致因分析. 矿业安全与环保,2011,38(5):83-86.

[8] 孔留安,李武. 影响我国煤矿安全的本质因素分析. 煤炭学报,2006,31(3):320-323.

[9] 孟现飞,张炎治,宋学锋,等. 基于危险源的事故致因机理及两极化管理. 中国安全科学学报,2011,21(9):34-38.

[10] 陈红,祁慧,汪鸥,等. 中国煤矿事故中故意违章行为影响因素结构方程模型研究. 系统工程理论与实践,2007,27(8):127-136.

[11] 赵殿瑶,赵彦,王晓云. 煤矿安全事故致因调研探讨. 中国煤炭,2011,37(4):109-111.

[12] 涂劲松,蔡金龙. 破碎岩体流变特性及其应用研究. 中国安全生产科学技术,2014,10(7):38-43.

[13] 宋泽阳,任建伟,程红伟,等. 煤矿安全管理体系缺失和不安全行为研究. 中国安全科学学报,2011,11:128-135.

[14] 梅国栋,刘璐,王云海. 影响我国煤矿安全生产的主要因素分析. 中国安全生产科学技术,2008,4(3):84-87.

[15] 刘广平,戚安邦. 煤矿安全水平边际效应影响因素及提升方法研究——基于安全投入和管理投入的视角. 软科学,2011,25(3):47-50.

[16] Shen Z H,Dessouky M,Ordonez F. Stochastic vehicle routing problem for large-scale emergencies. Ise Working Paper,2007:1-33.

[17] Fiedrich F,Gehbauer F,Rickers U. Optimized resource allocation for emergency response after earthquake disasters. Safety Science,2000,35(1-3):41-57.

[18] 冯立杰,李宣东,王金凤,等. 基于多代理系统(MAS)的煤矿水害事故响应系统. 中国安全科学学报,2007,17(9):166-171.

[19] Zhang Y,Cui Q A,Feng L J,et al. Game analysis of government and company in the prevention of water disaster in the coal mine // 2011 IEEE 18th International Conference on

Industrial Engineering and Engineering Management,Changchun,2011:41-46.

[20] 席煜宸.煤矿应急管理体系建设探讨.中国安全科学学报,2010,20(1):159-164.

[21] Kang X,Feng L J,Wang J F,et al. The study of crisis response process for coal mine flood-ing based on knowledge generation//2011 IEEE 18th International Conference on Industrial Engineering and Engineering Management,Changchun,2011:1324-1327.

[22] 杨力,刘程程,宋利,等.基于熵权法的煤矿应急救援能力评价.中国软科学,2013,11:185-192.

[23] 邓云峰,郑双忠.城市突发公共事件应急能力评估——以南方某市为例.中国安全生产科学技术,2006,2(2):9-13.

[24] 王臻荣,任晓春.我国地方政府绩效模型的构建与分析.中国行政管理,2011,11:24-28.

[25] 赵昕,郭晶.区域承灾力评价的协调度模型与实证.统计与决策,2011,6:63-65.

[26] 王金凤,李朝辉,冯立杰.基于可拓理论的煤矿水灾应急物流系统可靠性研究.矿业安全与环保,2011,38(6):85-88.

[27] 赵明忠,冯立杰,王金凤,等.基于熵权理论的煤矿水灾害救援系统可靠性评价.中国煤炭,2010,36(2):101,103-108.

[28] 张宇.煤矿事故应急救援能力评价体系的构建研究.大连:大连交通大学硕士学位论文,2011.

[29] 钱洪伟.煤矿环境突发事件应急能力评价探析.煤炭安全,2011,42(3):157-160.

[30] Wang J F,Feng L J,Zhai X Q. A system dynamics model of flooding emergency capability of coal mine. Przeglad Elektrotechniczny,2012,88(9):209-211.

[31] 韩利.煤矿突发事件应急预案中对通信系统的思考.价值工程,2011,30(27):127,128.

[32] 武强,管恩太.煤矿水害应急救援预案探讨.煤炭学报,2006,31(4):409-413.

[33] 孙保敬.矿山排水抢险应急救援系统的研究.北京:中国矿业大学博士学位论文,2011.

[34] 冯立杰,杨武洲,孙国亮,等.基于TRIZ的千米矿井抗灾排水装备研究与开发.中州煤炭,2011,4:7-9,22.

[35] 冯立杰,邓珺,王金凤,等.基于Triz的矿用潜水电泵创新设计.中州煤炭,2011,7:6-9.

[36] 冯立杰,刘振锋,王金凤.基于Triz的止推轴承创新设计.工业工程与管理,2010,15(3):45-48.

[37] Li T,Mei T J,Sun X H,et al. A study on a water-inrush incident at Laohutai coalmine. International Journal of Rock Mechanics and Mining Sciences,2013,59(5):151-159.

[38] Jian W,Lian G,et al. Determining areas in an inclined coal seam floor prone to water-inrush by micro-seismic monitoring. Mining Science and Technology,2011,21(2):165-168.

[39] 刘谆,崔建明,黄宇峰,等.基于FPGA的煤矿突水监测系统数据采集系统的设计.工矿自动化,2011,37(2):84-87.

[40] 张小鸣.煤层底板突水动态监测系统的设计与实现.煤炭工程,2011,1:108-110.

[41] 范烨,崔建明.基于LabView的煤矿突水监测系统数据处理系统的设计.电气技术,2012,4:30-32.

[42] Liu Z B,Jin D,Liu Q S. Prediction of water inrush through coal floors based on data mining

classification technique. Procedia Earth and Planetary Science,2011,3(1):166-174.

[43] Rena H J,Qing P,Wang Y C,et al. The water prediction and control engineering project for roadway through badly sealed boreholes. Procedia Earth and Planetary Science,2011,3:415-421.

[44] 陈红钊,黄采伦,范素芳,等. 地下磁流体探测方法在煤矿水害隐患探测中的应用. 矿业工程研究,2011,26(4):32-35.

[45] 蒋仲安,刘祥龙,陈雅. 基于水灾征兆的煤矿安全危机预测方法研究. 工业安全与环保,2014,40(1):76,78.

[46] 许延春. 试用灰色理论宏观预测矿井水灾害. 煤矿开采,1996,1:46-48.

[47] 杨海军,王广才. 煤矿突水水源判别与水量预测方法综述. 煤田地质与勘探,2012,40(3):48-54,58.

[48] 李培,陈颖,马小平,等. 基于 PCA-ELM 的煤矿突水预测方法研究. 工矿自动化,2013,39(9):46-50.

[49] 孟祥瑞,王军号,高召宁. 基于 IoT-GIS 耦合感知的煤层底板突水预测研究. 中国安全科学学报,2013,23(2):102-106.

[50] 李红涛,杜波,张骥. 浅谈我国安全高效煤矿建设历程和经验. 中国矿业,2012,21(2):19-22.

[51] Fernández-Mũniz B,Montes-Peón J M,Vázquez-Ordás C J. Relation between occupational safety management and firm performance. Safety Science,2009,47(7):980-991.

[52] Jin D W,Zheng G,Liu Z B,et al. Real-Time monitoring and early warning techniques of water inrush through coal floor. Procedia Earth and Planetary Science,2011,3:37-46.

[53] 张雁,刘英锋,吕明达. 煤矿突水监测预警系统中的关键技术. 煤田地质与勘探,2012,40(4):60-62.

[54] 张雪英,成韶辉,李凤莲,等. 基于 ArcGIS Engine 的矿井突水预警信息系统. 煤矿安全,2014,45(6):100-103.

[55] 谢兴楠,叶根喜. 测井"静态"探测与微震"动态"监测技术在矿井突水综合预警中的应用. 中国矿业,2012,21(1):110-114.

[56] 刘治国. 基于 J2EE 的煤层顶板突水预警 WebGIS 系统设计与实现. 煤矿开采,2012,17(4):98-101.

[57] 顾大钊. 煤矿地下水库理论框架和技术体系. 煤炭学报,2015,40(2):239-246.

[58] 湛孔星,陈国华. 城域水事故灾害发生机理探索. 中国安全科学学报,2010,20(6):3-8.

[59] 王金凤,杨利峰,冯立杰. 基于粗糙集的煤矿水灾害事故响应系统优化. 工业工程,2013,16(5):1-5.

[60] 张平,刘成河. 煤矿井下涌水量预测及矿井排水能力改造. 煤矿安全,2011,42(1):100-103.

[61] 张小明,贾克明,姜祖水. 在建煤矿突水水源分析与防治方法研究. 煤炭科学技术,2013,41(8):106-109.

[62] 徐星,李凤琴,王玉和,等. 矿井工作面底板水害的防治. 煤矿安全,2011,42(7):58-61.

[63] 张炎亮,刘阳,王金凤,等. 基于改进 SVM 的煤矿水灾害救援组织系统可靠性预测. 郑州大

学学报(工学版),2015,36(3):115-119.

[64] 崔杰,刘洋,王振荣.锦界煤矿水文地质条件分析及探查技术研究.煤炭工程,2009,9:72-74.

[65] Kim K N,Choi J H. Breaking the vicious cycle of flood disasters:Goals of project management in post-disaster rebuild projects. International Journal of Project Management,2013,31(1):147-160.

[66] Feng M M,Mao X B,Bai H B,et al. Analysis of water insulating effect of compound water-resisting key strata in deep mining. Journal of China University of Mining & Technology,2007,17(1):1-5.

[67] 杨涛,顾建华.重特大事故危险因素及指标体系实证研究.煤炭学报,2009,9:1190-1193.

[68] 管恩太.突水系数与煤矿水害防治.煤炭工程,2011,1:46-48.

[69] 秦洁璇,李翠平,李仲学,等.基于支持向量回归机的矿井突水量预测.中国安全科学学报,2013,23(5):114-119.

[70] 王琦,李术才,李为腾,等.基于地质预报的煤巷顶板事故防治研究.采矿与安全工程学报,2012,29(1):14-20.

[71] 谭章禄,张丽娜,吕明.基于人工神经网络和模糊诊断技术的煤矿安全预测系统.矿业安全与环保,2012,39(5):89-92,99.

[72] 虎维岳,田干.我国煤矿水害类型及其防治对策.煤炭科学技术,2010,38(1):92-96.

[73] 杜建华,何朋,宋卫东,等.程潮铁矿采场地压在线监测预警系统.金属矿山,2012,41(5):137-139,143.

[74] 龚承柱,李兰兰,柯晓玲,等.基于 multi-agent 的煤矿水害演化模型.煤炭学报,2012,37(6):1005-1009.

[75] Lin W B. Factors affecting the correlation between interactive mechanism of strategic alliance and technological knowledge transfer performance. Journal of High Technology Management Research,2007,17(2):139-155.

[76] 张海鹏.浅析煤矿中的水灾害防治.中国安全生产科学技术,2008,4(5):100-103.

[77] Wang R C,Hang R B,Gu P L,et al. Study on reliability evaluation for pipe irrigation system. Journal of Systems Engineering,1999,14(2):200-203.

[78] Wu J S,Xu S,Zhou R,et al. Scenario analysis of mine water inrush hazard using Bayesian networks. Safety Science,2016,89:231-239.

[79] Xu C,Gong P P. Water disaster types and water control measures of Hanxing coal mine area. Procedia Earth and Planetary Science,2011,3:343-348.

[80] Yang C,Liu S D,Liu L. Water abundance of mine floor limestone by simulation experiment. International Journal of Mining Science and Technology,2016,26(3):495-500.

[81] Wu Q,Xie K F,Chen Z Y. A catastrophe model on the evaluation and classification of mine disaster rescue measures. Systems Engineering Procedia,2012,4:484-489.

[82] Niu M M,Zhu S B,Du C Q,et al. Study and application of typical disaster monitoring and early warning system in metal mine. International Symposium on Safety Science and Tech-

nology,2012,45:125-130.

[83] 袁媛,樊治平,刘洋. 突发事件应急救援人员的派遣模型研究. 中国管理科学,2013,2:
152-160.

[84] Zhai L J. Comprehensive exploration technology of water disaster prevention and control in coal mining roof. Procedia Earth and Planetary Science,2011,3:303-310.

[85] Sun Y Y,Xu Z M,Dong Q H,et al. Forecasting water disaster for a coal mine under the Xiaolangdi reservoir. Journal of China University of Mining and Technology,2008,18(4):
516-520.

[86] Mu Z L,Dou L M,He H,et al. F-structure model of overlying strata for dynamic disaster prevention in coal mine. International Journal of Mining Science and Technology,2013,
23(4):513-519.

[87] 邬云龙,刘丹龙,王浩然,等. 基于粗糙集 Skowron 差别矩阵的矿井火灾风险评价指标约简. 中国安全生产科学技术,2016,5:60-65.

[88] 郑万波. 突发事件应急信息平台体系的技术构架共性分析及借鉴. 现代矿业,2016,9:203-207,244.

[89] Wang L,Cheng Y P,Yang Y K,et al. Controlling the effect of a distant extremely thick igneous rock in overlying strata on coal mine disasters. Mining Science and Technology,
2010,20(4):510-515.

[90] Zhang Y X,Tu S H,Bai Q S,et al. Overburden fracture evolution laws and water-controlling technologies in mining very thick coal seam under water-rich roof. International Journal of Mining Science and Technology,2013,23(5):693-700.

[91] Ding H D,Miao X X,Ju F,et al. Strata behavior investigation for high-intensity mining in the water-rich coal seam. International Journal of Mining Science and Technology,2014,
24(3):299-304.

[92] Tian S C,Kou M,Jin M. Construction of evaluation index system for near-miss management in coal mine water disaster and its applications. Journal of Xian University of Science & Technology,2016,36(2):181-186.

[93] Liang Q. Investigation of gob water disaster-causing factors and its control in resource integration coal mine. Mining Safety & Environmental Protection,2016,43(1):65-68.

[94] Yang C,Liu S,Wu R. Quantitative prediction of water volumes within a coal mine underlying limestone strata using geophysical methods. Mine Water & the Environment,2016,9:
1-8.

[95] 冯立杰. 深部煤矿大型抢险救灾联合排水系统的开发和应用研究技术报告. 河南:河南矿山抢险救灾中心,2004.

[96] Wang R C,Hang R B,Gu P L,et al. Study on reliability evaluation for pipe irrigation system. Journal of Systems Engineering,1999,14(2):200-203.

[97] 李航,虞靖. KPM 一种新的生产维修模式的探索. 中国设备管理,2000,2:12-14.

[98] 张军波,朱振. 煤矿应急救援系统单元重要性分析. 能源技术与管理,2016,2:126-128.

[99] 郑茂. 关于煤矿水灾害危险源的识别. 内蒙古煤炭经济, 2014, 5: 77.

[100] Williamson O E. The analysis of discrete structural alternatives. Administrative Science Quarterly, 1991, 36(2): 269-296.

[101] 宣以琼, 杨本水, 王广军. 322 工作面突水灾害成因与治理技术. 煤矿安全, 2003, 34(2): 33-35.

[102] 朱英丽. 车集煤矿突水事故的治理. 煤矿安全, 2003, 34(2): 35-37.

[103] 白开圣, 刘中江. 张双楼煤矿"1·16"事故原因分析. 徐煤科技, 1994, 2: 45, 46.

[104] 李鹏然. 煤矿水灾害事故的特点、原因及治理初探. 中国科技信息, 2010, 11: 76, 77.

[105] 张万忠, 李朝辉, 邓珺, 等. 千米矿井抢险排水关键技术和装备研制. 煤矿安全, 2011, 9: 82-84.

[106] 孙保敬, 孟国营. 矿山排水抢险应急救援系统设计. 煤炭科学技术, 2009, 6: 89-91.

[107] 冯立杰, 杨武洲. 高可靠性煤矿抢险排水系统的研究. 灌溉排水学报, 2003, 22(2): 68-80.

[108] 杨武洲, 冉宏振. 斜井抢险排水中潜水电泵的配置及安装. 中州煤炭, 2001, 4: 43, 44.

[109] 冯立杰, 高传昌, 杨武洲. 大功率潜水电泵的排水运行模式研究. 中国农村水利水电, 2003, 8: 94, 95.

[110] 顾永辉, 等. 煤矿电工手册. 北京: 煤炭工业出版社, 1999.

[111] 马纪伦, 江涛. 松散含水层下工作面防压架突水开采实践. 煤矿安全, 2014, 3: 126-128, 132.

[112] 胡耀青, 严国超, 石秀伟. 承压水上采煤突水监测预报理论的物理与数值模拟研究. 岩石力学与工程学报, 2008, 27(1): 9-15.

[113] 史晓明. 基于模糊层次分析法的煤矿水害事故危险源辨识. 中国矿业, 2010, 19: 202-204.

[114] 赵平, 裴晓丽, 薛剑. 基于信息融合的建筑施工安全预警管理研究. 中国安全科学学报, 2009, 24(10): 106-110, 179.

[115] 邢志良. 煤炭生产中全过程质量控制方法研究. 中国矿业, 2010, 19(3): 44-47.

[116] Carr M J, Wang W. An approximate algorithm for prognostic modelling using condition monitoring information. European Journal of Operational Research, 2011, 211(1): 90-96.

[117] Okada N, Tatano H, Hagihara Y, et al. Intergrated research on methodological development of urban diagnosis for disaster and its applications. 京都大学防灾研究所年报, 2004, 47C: 1-8.

[118] 何刚. 煤矿安全影响因子的系统分析及其系统动力学仿真研究. 安徽理工大学博士学位论文, 2009.

[119] 王建国, 田水承. 危险源辨识与分析是煤矿建立事故应急体系的关键. 矿业安全与环保, 2011, 38(1): 84-86, 90.

[120] Tako A A, Robinson S. Model development in discrete-event simulation and system dynamics: An empirical study of expert modellers. European Journal of Operational Research, 2010, 207(2): 784-794.

[121] 刘飞, 张立涛. 管理信息系统特性分析. 中国管理信息化, 2010, 13(1): 64-66.

[122] 李金兵, 韩玉启, 罗建强. 基于系统动力学的企业复杂系统资源负熵管理模型仿真. 系统

管理学报,2011,20(5):600-605.

[123] 许光清,邹骥. 系统动力学方法:原理、特点与最新进展. 哈尔滨工业大学学报(社会科学版),2006,8(4):72-77.

[124] 刘鹏,王金凤,张璐瑶. 基于可拓评价的煤矿水灾害预警管理体系可靠性研究. 煤炭技术,2015,34(6):136-138.

[125] 黎丽. 基于系统动力学的校企合作绩效评价研究. 郑州:郑州大学硕士学位论文,2012.

[126] 关维娟,何刚,陈清华,等. 基于解释结构模型的煤矿安全主要影响因素分析. 统计与决策,2010,19:178-180.

[127] 陈荣虎. 基于系统动力学的混合仿真模型构建. 系统仿真学报,2009,21(4):932-935.

[128] 李乃文,孙梦娇,梁凯. 矿工故意违章行为影响因素系统动力学仿真研究. 中国安全科学学报,2012,22(5):24-30.

[129] 马健,孙秀霞. 比较法确定多属性决策问题属性权重的灵敏度分析. 系统工程与电子技术,2011,33(3):585-589.

[130] 王洪德,刘贞堂. 矿井通风网络可靠性的定量分析与评价. 中国矿业大学学报,2007,36(3):371-375.

[131] 汤贤铭,俞金寿. 基于模型的输出反馈网络控制系统反馈调度研究. 控制与决策,2009,24(1):141-144.

[132] 刘业娇,曹庆贵,王文才,等. 煤矿安全管理的系统动力学模型. 煤炭工程,2011,8:126,127,130.

[133] 郭际,李南,白奕欣. 基于生命周期理论的企业危机管理动态分析. 科学学与科学技术管理,2006,7:116-120.

[134] 王炳成. 企业生命周期研究述评. 技术经济与管理研究,2011,4:52-55.

[135] 徐芳. 危机潜伏期的企业竞争情报预警机制研究. 情报理论与实践,2012,35(3):66-69.

[136] 徐芳. 危机爆发期的企业竞争情报沟通机制研究. 情报理论与实践,2010,33(9):69-73,65.

[137] 游小鹰. 探究福建省煤矿水害预警及防治技术. 能源与环境,2012,3:102,103.

[138] 李贤功,孟现飞. 基于危险源的煤矿事故风险预控管理. 煤矿安全,2009,S1:154-156.

[139] Israeli A A. Crisis-management practices in the restaurant industry. International Journal of hospital Management,2007,26(4):807-823.

[140] 张立海,张业成. 中国煤矿突水灾害特点与发生条件. 中国矿业,2008,2:44-46.

[141] 李希建,林柏泉. 基于GIS的煤矿灾害应急救援系统的应用. 采矿与安全工程学报,2008,25(3):327-331,336.

[142] 焦金宝,林劲夫,曹建军. 基于GM(1,1)模型的钻孔瓦斯动力异常灰色预警预测. 中国煤炭,2009,35(12):86-88,95.

[143] 李宁,周扬,张鹏,等. 中国自然灾害应急法律体系的数量差异分析. 自然灾害学报,2012,4:1-7.

[144] 孙保敬,孟国营. 矿山排水抢险应急救援系统设计. 煤炭科学技术,2009,37(6):89-91.

[145] 靳德武,刘英锋,刘再斌,等. 煤矿重大突水灾害防治技术研究新进展. 煤炭科学技术,

2013,1:25-29.

[146] 刘继同. 中国重大灾害事故、突发事件医疗救援体系与精神卫生社会工作. 社会科学研究,2009,1:96-102.

[147] 焦宇,周心权,谭国庆. 煤矿特别重大瓦斯爆炸事故应急救援及决策实施效果评价原则. 煤矿安全,2009,8:116-119.

[148] 宋晓华,罗德安. 基于 GIS 的煤矿灾害预警救援系统设计. 计算机工程,2011,37(S1):303-305.

[149] 倪蓉. 煤矿事故应急管理体系研究. 煤炭工程,2011,4:133-135.

[150] Wolkersdofer C. Mine water tracer tests as a basis for remediation strategies. Chemie der Erde,2005,65(3):65-74.

[151] 戚安邦,尤获. 基于 DEA 理论的煤矿企业安全管理能力评价模型与方法. 煤矿安全,2012,43(2):181-184.

[152] Cook W D,Seiford L M. Data envelopment analysis (DEA)—Thirty years on. European Journal of Operational Research,2009,192(1):1-17.

[153] 李金颖,成云雪. 基于超效率 DEA 方法的全要素能源效率分析. 工业工程,2012,15(4):87-92.

[154] 方磊. 基于偏好 DEA 模型的应急资源优化配置. 系统工程理论与实践,2008,5:98-104.

[155] 侯志华. 矿山灾害在线预测预警系统的设计与实现. 矿业安全与环保,2012,39(S1):89-91,188.

[156] 袁存忠. 煤矿给排水设计若干问题的探讨. 工业用水与废水,2000,31(6):5-8.

[157] 马红光,尚彦军. 煤矿井下主排水装置保持经济运行的途径. 煤矿机电,2001,4:23-25.

[158] 刘勇,江成玉,李春辉. 基于 WebGIS 的煤矿灾害预警系统的设计. 煤炭工程,2012,1:130-132.

[159] 焦保国. 矿井突水灾害预警系统的设计与实现. 大连:大连理工大学硕士学位论文,2014.

[160] 王刚. 矿井灾害预警救援与环境预测一体化系统设计. 工矿自动化,2012,38(6):32-35.

[161] 文光才,宁小亮,赵旭生. 矿井煤与瓦斯突出预警技术及其应用. 煤炭科学技术,2011,39(2):55-58.

[162] 秦明,彭望璩,刘扬,等. 基于 WebGIS 的珠海市自然灾害预警系统设计与实现. 四川大学学报(工程科学版),2007,39(S1):297-302.

[163] 王平,刘桥喜. 基于网络 3DGIS 技术的矿井自然灾害预警系统. 煤矿安全,2010,41(9):97-99.

[164] 刘程,赵旭生,李明建,等. 瓦斯灾害预警技术及计算机系统建设综合解决方案. 矿业安全与环保,2009,36(S1):60-63,247.

[165] 陈佩佩,刘秀娥. 矿井顶板突水预警系统研究与应用. 煤炭科学技术,2010,38(12):93-96.

[166] 刘程,杨守国,李向东,等. 利用计算机信息技术推动煤矿安全管理扁平化. 煤矿安全,2009,40(S1):148-150.

[167] Wei L J,Li W D,Wang J W,et al. Precursor of thermal power disaster in high-efficiency intensifying coal mine and its early-warning. Procedia Engineering,2012,43(7):191-196.

[168] Meisel S, Mattfeld D. Synergies of operations research and data mining. European Journal of Operational Research, 2010, 206(1): 1-10.

[169] Sanz J, Fernández A, Bustince H, et al. A genetic tuning to improve the performance of fuzzy rule-based classification systems with interval-valued fuzzy sets: Degree of ignorance and lateral position. International Journal of Approximate Reasoning, 2011, 52 (6): 751-766.

[170] Paul S, Nazareth D L. Input information complexity, perceived time pressure, and information processing in GSS-based work groups: An experimental investigation using a decision schema to alleviate information overload conditions. Decision Support Systems, 2010, 49(1): 31-40.

[171] 李垠, 李杰. 城市地震灾害预测方法研究. 大地测量与地球动力学, 2012, 32(1): 38-42.

[172] 郭金童, 汪波. 煤矿水灾害救治的物流系统及其可靠性评价. 自然灾害学报, 2008, 2: 131-137.

[173] 郭佳, 杨洋. 基于远程监测模式的煤矿安全生产预警系统研究. 中国煤炭, 2007, 9: 69-71.

[174] 胡文生, 赵明, 杨剑峰, 等. 一种基于 UML 用例模型的软件可靠性分配方法. 计算机科学, 2012, 39(6A): 461-463.

[175] 路延廷, 林井祥. 基于可靠性框图和故障树的矿井运煤系统分析. 煤炭技术, 2011, 30(9): 9-11.

[176] 尹晓伟, 钱文学, 谢里阳. 基于贝叶斯网络的多状态系统可靠性建模与评估. 机械工程学报, 2009, 45(2): 206-212.

[177] 王洪德, 马云东. 基于故障统计模型的可修通风系统可靠性指标体系研究. 煤炭学报, 2003, 28(6): 617-621.

[178] 王凯, 李玉军, 宁浩. 煤矿安全综合预警系统的构想. 煤矿安全, 2008, 11: 103-105.

[179] Tan H Y, Li J Y. Coal mine safety comprehensive evaluation based on extension theory. Procedia Engineering, 2011, 26: 1907-1913.

[180] He Y X, Dai A Y, Zhu J, et al. Risk assessment of urban network planning in china based on the matter-element model and extension analysis. International Journal of Electrical Power & Energy Systems, 2011, 33(3): 775-782.

[181] Martina S, Michael B, Daniel S. Reliability and effectiveness of early warning systems for natural hazards: Concept and application to debris flow warning. Reliability Engineering & System Safety, 2015, 142: 192-202.

[182] Wang J, Tan X L, Han H Z, et al. Short-term warning and integrity monitoring algorithm for coal mine shaft safety. Transactions of Nonferrous Metals Society of China, 2014, 24(11): 3666-3673.

[183] 邵登陆, 岳宗红. 基于 GIS 的煤矿灾害应急救援管理信息系统研究. 金属矿石, 2008, 8: 113-118.

[184] 宋吉曜. 煤矿突发水灾害预警系统设计. 低碳世界, 2016, 11: 25, 26.

[185] 王宝山, 黄志伟, 谢本贤, 等. 金属矿地下开采采场灾害预警系统的研究. 湖南科技大学学

报(自然科学版),2006,21(4):5-9.

[186] 刘香兰,赵旭生,董桂刚. 基于物联网的煤矿瓦斯爆炸动态安全预警系统的设计研究. 煤炭工程,2012,9:17-19.

[187] 关维娟,张国枢,陈清华,等. 煤与瓦斯突出预警系统软件设计与应用. 煤矿安全,2012,9:89-91.

[188] 林君. 煤矿井下突水灾害预警系统的研制. 山东煤炭科技,2013,5:210-212.

[189] 王绪本,董晓坡,曹礼刚,等. 矿山灾害预警与救助新技术体系. 煤矿安全,2007,7:93-96.

[190] 牛聚粉,程五一,王成彪. 可视化煤矿安全信息共享平台的构建. 辽宁工程技术大学学报(自然科学版),2010,29(3):381-384.

[191] 刘桥喜,毛善君,马蔼乃. 煤矿安全信息共享与网络决策平台研究. 北京大学学报(自然科学版),2004,40(4):652-657.

[192] 王伟锋,闫会峰. 煤矿信息系统的设计与应用发展研究. 煤炭技术,2013,7:107-109.

[193] Rockenbach B, Sadrieh A. Sharing information. Journal of Economic Behavior & Organization,2012,81:689-698.

[194] Othman S H, Beydoun G. A metamodel-based knowledge sharing system for disaster management. Expert Systems with Applications,2016,63:49-65.

[195] Walle B V, Comes T. On the nature of information management in complex and natural disasters. Procedia Engineering,2015,107:403-411.

[196] Lin W B. Factor affecting the correlation between interactive mechanism of strategic alliance and technological knowledge transfer performance. The Journal of High Technology Management Research,2007,17(2):139-155.

[197] 丁雷. 基于 GIS 的煤矿水害预警系统. 矿业安全与环保,2013,2:46-48,51.

[198] 承达瑜,张海荣,王发良,等. 基于服务式 GIS 的煤矿区环境信息共享框架研究. 现代矿业,2009,1:131-134.

[199] 杨华,韩立钦,王志红. 基于三维 GIS 的数字矿山建设技术研究. 矿山测量,2014,2:1,2,5.

[200] 方匡南,谢邦昌. 基于聚类关联规则的缺失数据处理研究. 统计研究,2011,28(2):87-92.

[201] 李桥兴,杨春燕. 可拓集无量纲一维关联函数. 系统工程,2014,11:154-158.

[202] 王新民,柯愈贤,鄢德波,等. 基于熵权法和物元分析的采空区危险性评价研究. 中国安全科学学报,2012,6:71-78.